全国高等职业教育规划教材

SQL Server 2005 数据库实用教程

常军林　魏　功　主　编

吴芬芬　马战宝　副主编

王伟娜　谢宝兴　参　编

机械工业出版社

本书全面、系统地介绍了关系数据库的基本原理和 SQL Server 2005 数据库应用系统的开发技术。全书共 12 章，内容包括：数据库基础理论、SQL Server 2005 概述、SQL Server 2005 数据库及其操作、表的创建与管理、索引、数据查询、Transact-SQL 编程、视图、存储过程和触发器、事务处理、SQL Server 2005 的安全管理和综合实例——网上书店系统。

本书可作为高职高专院校计算机及相关专业的数据库技术课程的教材，也可以作为中等职业学校 SQL Server 数据库课程的教材，还可作为 SQL Server 数据库系统开发人员的入门参考书。

本书配套授课电子课件，需要的教师可登录 www.cmpedu.com 免费注册，审核通过后下载，或联系编辑索取（QQ：81922385，电话：010-88379739）。

图书在版编目（CIP）数据

SQL Server 2005 数据库实用教程 / 常军林，魏功主编. —北京：机械工业出版社，2010.7

（全国高等职业教育规划教材）

ISBN 978-7-111-30858-4

Ⅰ. ①S… Ⅱ. ①常… ②魏… Ⅲ. ①关系数据库－数据库管理系统，SQL Server 2005－高等学校：技术学校－教材 Ⅳ. ①TP311.138

中国版本图书馆 CIP 数据核字（2010）第 100695 号

机械工业出版社（北京市百万庄大街 22 号 邮政编码 100037）

责任编辑： 王 颖

责任印制： 李 妍

北京振兴源印务有限公司印刷

2010 年 7 月第 1 版·第 1 次印刷

184mm×260mm · 15.5 印张 · 379 千字

0001－3000 册

标准书号：ISBN 978-7-111-30858-4

定价：27.00 元

全国高等职业教育规划教材计算机专业
编委会成员名单

出 版 说 明

　　根据《教育部关于以就业为导向深化高等职业教育改革的若干意见》中提出的高等职业院校必须把培养学生动手能力、实践能力和可持续发展能力放在突出的地位，促进学生技能的培养，以及教材内容要紧密结合生产实际，并注意及时跟踪先进技术的发展等指导精神，机械工业出版社组织全国近 60 所高等职业院校的骨干教师对在 2001 年出版的"面向 21 世纪高职高专系列教材"进行了全面的修订和增补，并更名为"全国高等职业教育规划教材"。

　　本系列教材是由高职高专计算机专业、电子技术专业和机电专业教材编委会分别会同各高职高专院校的一线骨干教师，针对相关专业的课程设置，融合教学中的实践经验，同时吸收高等职业教育改革的成果而编写完成的，具有"定位准确、注重能力、内容创新、结构合理和叙述通俗"的编写特色。在几年的教学实践中，本系列教材获得了较高的评价，并有多个品种被评为普通高等教育"十一五"国家级规划教材。在修订和增补过程中，除了保持原有特色外，针对课程的不同性质采取了不同的优化措施。其中，核心基础课的教材在保持扎实的理论基础的同时，增加实训和习题；实践性较强的课程强调理论与实训紧密结合；涉及实用技术的课程则在教材中引入了最新的知识、技术、工艺和方法。同时，根据实际教学的需要对部分课程进行了整合。

　　归纳起来，本系列教材具有以下特点：

　　1）围绕培养学生的职业技能这条主线来设计教材的结构、内容和形式。

　　2）合理安排基础知识和实践知识的比例。基础知识以"必需、够用"为度，强调专业技术应用能力的训练，适当增加实训环节。

　　3）符合高职学生的学习特点和认知规律。对基本理论和方法的论述要容易理解、清晰简洁，多用图表来表达信息；增加相关技术在生产中的应用实例，引导学生主动学习。

　　4）教材内容紧随技术和经济的发展而更新，及时将新知识、新技术、新工艺和新案例等引入教材。同时注重吸收最新的教学理念，并积极支持新专业的教材建设。

　　5）注重立体化教材建设。通过主教材、电子教案、配套素材光盘、实训指导和习题及解答等教学资源的有机结合，提高教学服务水平，为高素质技能型人才的培养创造良好的条件。

　　由于我国高等职业教育改革和发展的速度很快，加之我们的水平和经验有限，因此在教材的编写和出版过程中难免出现问题和错误。我们恳请使用这套教材的师生及时向我们反馈质量信息，以利于我们今后不断提高教材的出版质量，为广大师生提供更多、更适用的教材。

机械工业出版社

前 言

在数据库领域，微软公司的 SQL Server 系列产品在中小企业的市场占有率和学生学习的普及率方面都非常高。SQL Server 2000 版历经 5 年后推出的 2005 版于 2006 年上半年登陆中国，引起了技术人员和数据库爱好者浓厚的学习兴趣。SQL Server 2005 在数据管理方法、数据库应用程序开发和商业智能方面与以前的版本相比有巨大的变化。

信息技术飞速发展，软件产品层出不穷，版本更新接连不断。软件开发也需要跟上时代，这就要求开发人员不断地学习，这也是我们编写本书的初衷。

本书的讲授内容本着"理论够用、强调案例、重在实践"的原则，在教学内容和案例的选取上汇聚了一线教师们丰富的教学经验和教学案例心得。同时，根据实际应用开发中经常碰到的问题，把这些应用提炼成为每个章节的实训。在实训内容方面尽量精简，力求达到画龙点睛的效果。

本书分为 12 章，内容包括：数据库基础理论、SQL Server 2005 概述、SQL Server 2005 数据库及其操作、表的创建与管理、索引、数据查询、Transact-SQL 编程、视图、存储过程和触发器、事务处理、SQL Server 2005 的安全管理和综合实例——网上书店系统。

本书可作为高职高专院校计算机及相关专业的数据库技术课程的教材，也可作为中等职业学校 SQL Server 数据库课程的教材，还可作为 SQL Server 数据库系统开发人员的入门参考书。

参与本书编写的有常军林（编写第 6、8、12 章）、魏功（编写第 2、11 章）、吴芬芬（编写第 3、4 章）、王伟娜（编写第 1 章）、马战宝（编写第 9、10 章）、谢宝兴（编写第 5、7 章）。

本书不可避免会存在一些不足，欢迎读者批评指正。

编 者

目　录

第1章 数据库基础理论

知识目标

- 了解数据库系统的基本概念
- 了解关系数据模型和 DBMS
- 掌握实体-关系模型的概念
- 掌握关系模型规范化的使用

技能目标

- 掌握 E-R 图的绘制
- 能够把 E-R 图转换为关系数据模型

1.1 数据库基础

数据库技术是关于数据管理的技术，是计算机科学与技术的重要分支，是信息系统的核心和基础。当今社会上各种各样的信息系统都是以数据库为基础，对信息进行处理和应用的系统。数据库能借助计算机保存和管理大量的复杂的数据，快速而有效地为不同的用户和各种应用程序提供所需的数据，以便人们能更方便、更充分地利用这些宝贵的资源。

1.1.1 数据库的基本概念

1. 数据

数据（Data）是描述客观事物的符号记录，可以是数字、文字、图形、图像、声音、语言等，经过数字化后存入计算机。

2. 数据库

数据库（DataBase，DB）是长期保存在计算机外存上的、有结构的、可共享的数据集合。数据库中的数据按一定的数据模型描述、组织和储存，具有很小的冗余度、较高的数据独立性和易扩展性，可为不同的用户共享。

3. 数据库管理系统

数据库管理系统（DataBase Management System，DBMS）是指数据库系统中对数据库进行管理的软件系统，如 Visual FoxPro、SQL Server 2005、Sybase 等。DBMS 是数据库系统的核心组成部分，数据库的一切操作，如查询、更新、插入、删除以及各种控制，都是通过 DBMS 进行的。

DBMS 是数据库系统的核心，其主要工作就是管理数据库，为用户或应用程序提供访问数据库的方法。

4．数据库系统

数据库系统（DataBase System，简称 DBS）就是引入数据库技术，有组织地、动态地储存大量关联数据，方便用户访问的计算机系统。

5．数据库系统管理员

数据库系统管理员（DataBase Administrator，DBA）是负责数据库的建立、使用和维护的专门人员。

用户使用数据库是目的，数据库管理系统是帮助用户达到这一目的的工具和手段。

1.1.2 数据库系统

1．数据库系统的概念

数据库系统是由数据库、数据库管理系统、应用程序、数据库管理员、用户等构成的人机系统。数据库系统并不单指数据库和数据库管理系统，而是指带有数据库的整个计算机系统。

数据库系统的个体含义是指一个具体的数据库管理系统软件和用它建立起来的数据库；它的学科含义是指研究、开发、建立、维护和应用数据库系统所涉及的理论、方法、技术。数据库系统是软件研究领域的一个重要分支，涉及计算机应用、软件和理论 3 个方面。

数据库系统的发展主要以数据模型和 DBMS 的发展为标志。第一代数据库系统是指层次和网状数据库系统。第二代数据库系统是指关系数据库系统。目前正在研究的新一代数据库系统是数据库技术与面向对象、人工智能、并行计算、网络等结合的产物，其代表是面向对象数据库系统和演绎数据库系统。

2．数据库系统组成

数据库系统包括计算机、数据库、操作系统、数据库管理系统、数据库开发工具、应用系统、数据库管理员和用户。概括来说，数据库系统主要由硬件、数据、软件和用户 4 部分构成。

- 数据：是数据库系统中存储的信息。
- 硬件：是数据库系统的物理支撑。
- 软件：包括系统软件与应用软件。其中，系统软件包括操作系统及负责对数据库的运行进行控制和管理的核心软件——数据库管理系统；而应用软件是在 DBMS 的基础上由用户根据实际需要自行开发的应用程序。
- 用户：指使用数据库的人员。在数据库系统中主要由终端用户、应用程序员和数据库管理员 3 类用户组成。

数据库系统的组成结构如图 1-1 所示。

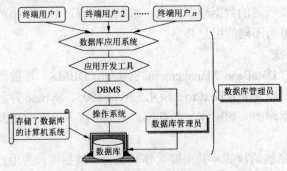

图 1-1　数据库系统结构图

2

数据库、数据库管理系统、数据库应用系统和数据库系统是几个不同的概念。数据库强调的是数据；数据库管理系统是系统软件；数据库应用系统面向的是具体的应用；而数据库系统强调的是系统，它包含了前三者。

1.2 关系数据模型

1.2.1 概念模型

数据库系统中，把现实世界的事物抽象转化为机器世界的数据库的过程就是数据建模的过程。在这个过程中，信息要经过 3 个范畴，进行两个转换过程，如图 1-2 所示。图中信息的两个转换过程通过两类不同的数据模型实现，分别是概念模型和实施模型，即数据建模过程中数据模型的两个级别或层次。

图 1-2　数据模型的两个级别

概念模型是现实世界到机器世界的一个中间层次，是数据库设计人员和用户之间进行交流的语言。因此，它应具有较强的语义表达能力，以及简单、清晰、易于用户理解等特点。

1. 概念模型涉及的基本概念

（1）实体（Entity）

客观存在的并可相互区别的事物称为实体，可以是具体的人、事、物，也可以是抽象的概念或联系。

（2）属性（Attribute）

实体所具有的某一特性称为属性。一个实体可以由若干个属性来刻画。如"学生"实体可以由学号、姓名、性别、出生年月等属性组成。

（3）码（Key）

唯一标识实体的属性集称为码。例如，学号是学生实体的码。

（4）域（Domain）

属性的取值范围称为该属性的域。例如，学生实体性别的域为（男，女），年龄的域为小于 38 岁等。

（5）实体型（Entity Type）

用实体名及其属性名集合来抽象和刻画的同类实体，称为实体型。例如，学生（学号，姓名，性别，出生年月，系别，入学时间）就是一个实体型。

（6）实体集（Entity Set）

同型实体的集合称为实体集。例如，全体学生就是一个实体集。

（7）联系（Relationship）

实体内部的联系：指实体的各属性之间的联系。

实体之间的联系：指不同实体集之间的联系。

1）一对一联系（1∶1）。如果对于实体集 A 中的每一个实体，实体集 B 中至多有一个实体与之联系，反之亦然，则称实体集 A 与实体集 B 具有一对一联系，记为 1∶1。

2）一对多联系（1∶n）。如果对于实体集 A 中的每一个实体，实体集 B 中有 n（n≥0）个实体与之联系，反之，对于实体集 B 中的每一个实体，实体集 A 中至多有一个实体与之联系，则称实体集 A 与实体集 B 有一对多联系，记为 1∶N。

3）多对多联系（m∶n）。如果对于实体集 A 中的每一个实体，实体集 B 中有 n（n≥0）个实体与之联系，反之，对于实体集 B 中的每一个实体，实体集 A 中也有 m（m≥0）个实体与之联系，则称实体集 A 与实体集 B 具有多对多联系，记为 m∶n。

2. 概念模型的表示方法——E-R 图

概念模型是对信息世界建模，所以概念模型应该方便、准确地表示出信息世界中的常用概念。概念模型的表示方法很多，其中最常用、最著名的是实体-联系方法（Entity-Relationship Approach），简称 E-R 方法。

E-R 方法是用 E-R 图来描述现实世界的概念模型，也称为 E-R 模型。实体-联系方法是抽象和描述现实世界的有力工具。用 E-R 图表示的概念模型独立于具体的 DBMS 所支持的数据模型，它是各种数据模型的共同基础，因而比数据模型更一般、更抽象、更接近现实世界。E-R 图的结构及组成如图 1-3 所示。

在 E-R 图中，有 4 个基本成分，分别如下：

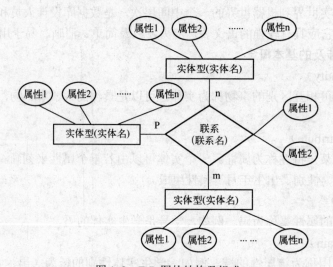

图 1-3　E-R 图的结构及组成

- 矩形框：表示实体类型（考虑问题的对象）。
- 菱形框：表示联系类型（实体间的联系）。
- 椭圆形框：表示实体类型和联系类型的属性。
- 连线：实体与属性之间，联系与属性之间用直线连接。

用 E-R 图来表示两个实体型之间的 3 类联系，如图 1-4 所示。

需要注意的是，在 E-R 图中，联系本身也是一种实体类型，也可以有属性。如果一个联系具有属性，则这些属性也要用无向边与该联系连接起来。例如，图 1-5 是学籍管理系统中学生、课程、教师实体以及它们之间的联系的 E-R 图表示结果。

4

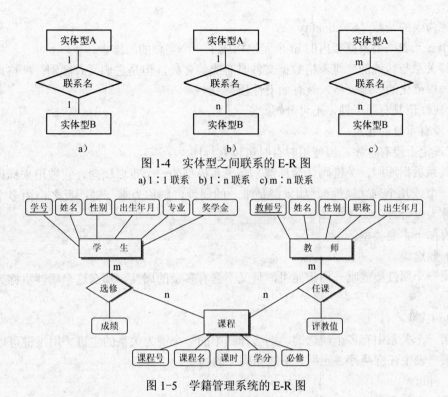

图 1-4　实体型之间联系的 E-R 图

a) 1∶1 联系　b) 1∶n 联系　c) m∶n 联系

图 1-5　学籍管理系统的 E-R 图

注意：E-R 图中可以使用带有下画线的属性。此时，带有下画线的属性表示该实体的码。作为实体的码的属性应确保唯一性，它们应该是那些能够唯一识别实体的属性。

实体的码不一定是单个属性，也可以是某几个属性的组合。

1.2.2　关系数据模型

概念模型是对现实世界的数据描述，这种数据模型最终是要经过再抽象，转换成计算机能实现的数据模型，即需要将概念模型中所描述的实体及实体之间的联系转换成表示数据及数据之间的逻辑联系的结构形式。这种对现实世界的第二次抽象是直接面向数据库的逻辑结构，因此称为逻辑结构模型，简称逻辑模型。在几十年的数据库发展史中，出现了三种重要的逻辑数据模型。

● 层次模型：用树型结构来表示实体及实体间的联系，如早期的 IMS 系统。

● 网状模型：用网状结构来表示实体及实体间的联系，如 DBTG 系统。

● 关系模型：用一组二维表表示实体及实体间的关系，如 Microsoft Access。

在这 3 种数据模型中，前两种现在已经很少见到了，目前应用最广泛的是关系数据模型。自 20 世纪 80 年代以来，软件开发商提供的数据库管理系统几乎都是支持关系模型的。

关系数据模型采用二维表来表示，简称表。二维表由表框架（Frame）及表的元组（Tuple）组成。表框架由 n 个命名的属性（Attribute）组成，n 称为属性元数（Arity）。每个属性有一个取值范围，称为值域（Domain）。表框架对应了关系的模式。

在表框架中按行存放数据，每一行数据称为一个元组。实际上，一个元组是由 n 个元组分量所组成的，每个元组分量是表框架中每个属性的投影值。一个表框架可以存放 m 个元组，m 称为表的基数（Cardinality）。

一个 n 元表框架及框架内的 m 个元组构成了一个完整的二维表。

尽管关系与传统的二维表格数据文件具有类似之处，但是它们又有区别。严格地说，关系是一种规范化的二维表格，具有如下性质：

1）属性值具有原子性，不可分解。

2）没有重复的元组。

3）理论上没有行序，但使用时有时可以有行序。

在关系数据库中，关键码（简称键）是关系模型的一个重要概念，它被用来标识行（元组）的一个或几个列（属性）。如果键是唯一的属性，则称为唯一键；反之，由多个属性组成，则称为复合键。

键有如下主要类型。

（1）候选键

如果一个属性集能唯一标识元组，且又不含有多余的属性，那么这个属性集称为关系的候选键。

（2）主键

如果一个关系中有多个候选键，则选择其中的一个键为关系的主键。用主键可以实现关系定义中"表中任意两行（元组）不能相同"的约束。

（3）外键

如果一个关系 R 中包含另一个关系 S 的主键所对应的属性组 F，则称此属性组 F 为关系 R 的外键，并称关系 S 为参照关系，关系 R 是依赖关系。为了表示关联，可以将一个关系的主键作为属性放入另外一个关系中，第二个关系中的那些属性就称为外键。

当出现外键时，主键与外键的列名称可以是不同的，但必须要求它们的值集相同。

1.2.3 关系模型的规范化

1. 关系的定义和表示方式

所谓关系，就是一张二维表，通常将一个没有重复行、重复列的二维表看成一个关系，每个关系都有一个关系名。有关学生信息（S）二维表的一个实例如表 1-1 所示。

表 1-1 学生信息

借书证号	姓 名	学 号	性 别	班 级	电 话	借书册数
S2006001	张三	20062268	男	07201	12345678	3
S2006002	李四	20062269	男	07201	12345678	2
S2006003	王五	20062301	女	07202	12345678	4
S2006004	赵六	20062309	男	07201	12345678	1
S2006005	钱七	20062403	女	07202	12345678	2

也可以使用实体和属性来描述一个关系，这种描述称为关系模式。

例如，可以使用如下形式描述"学生信息"表的关系模式：

学生信息（借书证号，姓名，学号，性别，班级，电话，借书册数）

其中借书证号是主键。

2. 关系的规范化

关系模型原理的核心内容就是规范化概念。规范化是把数据库组织成在保持存储数据完整性的同时最小化冗余数据的结构的过程。规范化的数据库必须符合关系模型的范式规则。范式可以防止在使用数据库时出现不一致的数据，并防止数据丢失。在关系数据库中的每个关系都需要进行规范化，使之达到一定的规范化程度，从而提高数据的结构化、共享性、一致性和可操作性。

关系模型的范式有第一范式、第二范式、第三范式和 BCNF 范式等多种。

在这些定义中，高级范式 BCNF 根据定义属于所有低级的范式。第三范式中的关系属于第二范式，第二范式中的关系属于第一范式。

下面简单介绍关系规范化的过程。

（1）第一范式（1NF）

如果关系模式 R 中的所有属性值都是不可再分解的原子值，那么就称此关系 R 是 1NF，记为 R∈1NF。

满足第一范式的关系的最基本的要求是不能表中套表。第一范式是第二和第三范式的基础，是最基本的范式。

在关系型数据库管理系统中，所涉及的研究对象都是满足 1NF 的规范化关系的，不是 1NF 的关系称为非规范化的关系。

例如，下面的"借书信息"表，就不满足 1NF。

借书信息（借书证号，姓名，学号，图书分类编号（自然科学，社会科学），借书日期）

使用二维表表示如表 1-2 所示。

表 1-2 借书信息

借书证号	姓　名	学　号	图书分类编号		借书日期
			自然科学	社会科学	
S2006001	张三	20062268	20090101	20090201	2009-10-15
S2006002	李四	20062269	20090102	20090202	2009-10-15
S2006003	王五	20062301	20090101	20090201	2009-10-15
S2006004	赵六	20062309	20090102	20090203	2009-10-15
S2006005	钱七	20062403	20090103	20090204	2009-10-15

规范化就是要消除嵌套的表，把嵌套的属性分解或合并。这里把嵌套的自然科学和社会科学两个属性合并为一个属性图书分类编号，这样就满足 1NF 了。

借书信息（借书证号，姓名，学号，图书分类编号，借书日期）

（2）第二范式（2NF）

2NF 规定关系必须在 1NF 中，并且关系中的所有属性依赖于整个候选键而不是主键码中的一部分，记为 R∈2NF。

例如，下面的"借书信息"表就不满足 2NF。

借书信息（借书证号，图书编号，借书日期，图书名称）

其中此表的主键是：（借书证号，图书编号）组合主键，非主键图书名称依赖于组合主键中的一部分，即图书编号，所以它不符合 2NF。

对该表规范化也是把它分解成两个表："租借信息"表和"图书信息"表，则它们就都满足 2NF 了。

租借信息（借书证号，图书编号，借书日期）

图书信息（图书编号，图书名称）

（3）第三范式（3NF）

3NF 同 2NF 一样依赖于关系的候选键。3NF 除了要满足 2NF 外，任一非主键不能依赖于其他非主键，记为 R∈3NF。

例如，下面的"图书信息"表就不符合 3NF。

图书信息（图书编号，图书名称，图书分类编号，图书分类名称）

其中非主键图书分类名称依赖于另一个非主键图书分类编号，所以它不符合 3NF。

规范化之后也是将它分解成两个表："图书信息"表和"图书分类"表，则它们都符合 3NF 了。

图书信息（图书编号，图书名称，图书分类编号）

图书分类（图书分类编号，图书分类名称）

对于关系的规范化一般达到 3NF 就可以基本上满足数据库设计的消除数据冗余的要求了。如果需要进一步消除数据的插入和删除异常，还需要进一步将关系由 3NF 规范化为满足 BCNF 范式的要求。关于 BCNF 范式的要求可以参考专业的数据库理论知识教材。

1.2.4 关系代数

关系数据库系统的特点之一是它建立在严格的数学理论的基础之上，有很多数学理论可以表示关系模型的数据操作，其中最著名的是关系代数与关系演算。数学上已经证明两者在功能上是等价的。

下面将介绍关于关系数据库的理论——关系代数。

在关系数据库中，用关系代数的运算来表达关系的查询要求和条件。关系代数把关系作为集合并对其施加各种集合运算和特殊的关系运算。

关系代数的运算可分为如下两类。

● 传统的集合运算：并、交、差、广义笛卡儿积。

● 专门的关系运算：投影、选择、连接、除法。

1. 传统的集合运算

设关系 R 与 S 具有相同的目（即两个关系都有 n 个属性），且相应的属性取自同一个域，则关系 R 与 S 可以定义并、交、差运算。

（1）并运算（Union）

记为 $R \cup S = \{t | t \in R \lor t \in S\}$，它由属于 R 或属于 S 的所有元组构成。

并运算的结果仍为 n 目关系。

（2）差运算（Difference）

记为 $R \backslash S = \{t | t \in R \land t \in S\}$，它由属于 R 但不属于 S 的所有元组构成。

差运算的结果仍为 n 目关系。

（3）交运算（Intersection）

记为 $R \cap S = \{t | t \in R \land t \in S\}$，它由既属于 R 又属于 S 的所有元组构成。

交运算的结果仍为 n 目关系。

（4）广义笛卡儿积（Extend Cartesian Product）

设 R 为 m 目关系，S 为 n 目关系，则 R 与 S 的广义笛卡儿积是一个（m+n）目的关系，其中的每个元组的前 m 个分量是 R 中的一个元组，后 n 个分量是 S 中的一个元组。若 R 有 k1 个元组，S 有 k2 个元组，则 R×S 有（k1×k2）个元组。

广义笛卡儿积记为：

$$R×S = \{\overline{t_r t_s} \mid t_r \in R \wedge t_s \in S\}。$$

2．专门的关系运算

（1）投影运算（Projection）

t 是关系 R 中的一个元组，A 是要从 R 中投影出的属性子集。

关系 R 的投影记为：

$$\Pi_A (R) = \{t[A] \mid t \in R\}$$

【例 1-1】 列出学生情况表 R（见表 1-3）的学生姓名和性别的情况，投影运算结果 S=$\Pi_{Sname,Sex}$（R）如表 1-4 所示。

表 1-3　学生情况表

SID	Sname	Sex	Birthday	Specialty
2005216001	赵成刚	男	1986 年 5 月	计算机应用
2005216002	李敬	女	1986 年 1 月	软件技术
2005216003	郭洪亮	男	1986 年 4 月	电子商务
2005216004	吕珊珊	女	1987 年 10 月	计算机网络
2005216005	高全英	女	1987 年 7 月	电子商务
2005216006	郝莎	女	1985 年 8 月	电子商务
2005216007	张峰	男	1986 年 9 月	软件技术
2005216111	吴秋娟	女	1986 年 8 月	电子商务

表 1-4　$\Pi_{Sname,Sex}$ (R)

Sname	Sex	Sname	Sex
赵成刚	男	高全英	女
李敬	女	郝莎	女
郭洪亮	男	张峰	男
吕珊珊	女	吴秋娟	女

（2）选择运算（Selection）

t 是关系 R 中的一个元组，F(t)为元组逻辑表达式，则从关系 R 中找出满足条件 F(t)的那些元组称为选择。

关系 R 上的选择记为：

$$\sigma_{F(t)}(R) = \{t \mid t \in R \wedge F(t) = '真'\}$$

【例 1-2】 在学生情况表（见表 1-3）R 中选择出男生，结果如表 1-5 所示。

表 1-5 $\sigma_{Sex='男'}(R)$

SID	Sname	Sex	Birthday	Specialty
2005216001	赵成刚	男	1986 年 5 月	计算机应用
2005216003	郭洪亮	男	1986 年 4 月	电子商务
2005216007	张峰	男	1986 年 9 月	软件技术

（3）连接运算（Join）

连接也称为 θ 连接。设 A，B 分别是关系 R 和 S 中的属性组，关系 R 和 S 的连接记为：

$$R \underset{A\theta B}{\bowtie} S = \{ \overline{t_r t_s} | t_r \in R \wedge t_s \in S \wedge t_r[A]\theta t_s[B] \}$$

最重要也最常用的连接运算有等值连接和自然连接两种。

1）等值连接（θ 为 "＝"）。按照两关系中对应属性值相等的条件所进行的连接称为等值连接。记为：

$$R \bowtie S = \{ \overline{t_r t_s} | t_r \in R \wedge t_s \in S \wedge t_r[A]=t_s[B] \}$$

2）自然连接＝等值连接＋去掉重复的属性，记为：

$$R \underset{A=B}{\bowtie} S = \{ \overline{t_r t_s} | t_r \in R \wedge t_s \in S \wedge t_r[A]=t_s[B] \}$$

【例 1-3】 设学生、选课和课程表如表 1-6～表 1-8 所示。

表 1-6 S

SID	Sname
2005216111	吴秋娟
2005216112	穆金华
2005216115	张欣欣

表 1-7 SC

SID	CID
2005216111	16020010
2005216111	16020013
2005216112	16020014
2005216112	16020010
2005216115	16020011
2005216115	16020014

表 1-8 C

CID	Cname	CID	Cname
16020010	C 语言程序设计	16020015	专业英语
16020011	图像处理	16020016	软件文档的编写
16020012	网页设计	16020017	美工基础
16020013	数据结构	16020018	面向对象程序设计
16020014	数据库原理与应用		

等值连接 $S \underset{s.sid=sc.sid}{\bowtie} SC \underset{sc.cid=c.cid}{\bowtie} C$ 的结果如表 1-9 所示。

表 1-9 等值连接

S.SID	S.Sname	SC.SID	SC.CID	C.CID	C.Cname
2005216111	吴秋娟	2005216111	16020010	16020010	C 语言程序设计
2005216111	吴秋娟	2005216111	16020013	16020013	数据结构
2005216112	穆金华	2005216112	16020014	16020014	数据库原理与应用
2005216112	穆金华	2005216112	16020010	16020010	C 语言程序设计
2005216115	张欣欣	2005216115	16020011	16020011	图像处理
2005216115	张欣欣	2005216115	16020014	16020014	数据库原理与应用

自然连接 S⋈SC⋈C 的结果如表 1-10 所示。

表 1-10　自然连接（去掉等值连接表中的重复属性）

SID	Sname	CID	Cname
2005216111	吴秋娟	16020010	C 语言程序设计
2005216111	吴秋娟	16020013	数据结构
2005216112	穆金华	16020014	数据库原理与应用
2005216112	穆金华	16020010	C 语言程序设计
2005216115	张欣欣	16020011	图像处理
2005216115	张欣欣	16020014	数据库原理与应用

1.3　关系数据库

1.3.1　什么是关系数据库

关系数据库是指采用关系数据模型组织数据的数据库。关系模型是在 1970 年由 IBM 公司的研究员 E.F.Codd 博士首先提出的。在之后的几十年中，关系模型的概念得到了充分的发展并逐渐成为数据库架构的主流模型。简单来说，关系模型指的就是二维表格模型，而一个关系数据库就是由二维表及其之间的联系组成的一个数据集合。

关系数据库相比其他模型的数据库而言，有着以下优点。

（1）容易理解

二维表结构是非常贴近逻辑世界的一个概念，关系模型相对网状、层次等其他模型来说更容易理解。

（2）使用方便

通用的 SQL 语言使得操作关系数据库非常方便，程序员甚至于数据管理员可以方便地在逻辑层面操作数据库，而完全不必理解其底层实现。

（3）易于维护

丰富的完整性（实体完整性、参照完整性和用户定义的完整性）大大降低了数据冗余和数据不一致的概率。

1.3.2　关系数据库标准语言 SQL

在关系数据库中普遍使用一种介于关系代数和关系演算之间的数据库操作语言——结构化查询语言（Structured Query Language，SQL）。SQL 不仅具有丰富的查询功能还具有数据定义和数据控制功能，是集数据查询语言、数据定义语言、数据操纵语言和数据控制语言于一体的关系数据库语言。它充分体现了关系数据语言的特点和优点，是关系数据库的标准语言。

SQL 语言之所以能够为用户和业界所接受，成为国际标准，是因为它是一个综合的、通用的、功能极强的、简学易用的语言。它具有下列主要特点。

1. 综合统一

数据库的主要功能是通过数据库支持的数据语言来实现的。SQL 语言的核心包括如下数据语言：

（1）数据定义语言（Data Definition Language，DDL）

DDL 用于定义数据库的逻辑机构，是对关系模式一级的定义，包括基本表、视图及索引的定义。

（2）数据查询语言（Data Query Language，DQL）

DQL 用于查询数据。

（3）数据操纵语言（Data Manipulation Language，DML）

DML 用于对关系模式中的具体数据的增、删、改等操作。

（4）数据控制语言（Data Control Language，DCL）

DCL 用于数据访问权限控制。

SQL 语言集这些功能于一体，语言风格统一，可以独立完成数据库生命周期中的全部活动，包括定义关系模式、录入数据、查询、更新、维护、数据库重构、数据库安全控制等一系列操作要求，这就为数据库应用系统开发提供了良好的环境。

2．高度非过程化

使用 SQL 语言进行数据操作，用户只需提出"做什么"，而不必指名"怎么做"，因此用户无需了解存取路径，存取路径的选择以及 SQL 语句的操作过程由系统自动完成。这不但大大减轻了用户的负担，而且有利于提高数据独立性。

3．用同一种语法结构提供两种使用方式

SQL 语言既是自含式语言，又是嵌入式语言。在两种方式下，SQL 语言的语法结构基本上是一致的。这种统一的语法结构提供两种不同的使用方式的方法，为用户提供了极大的灵活性与方便性。

4．语言简洁，易学易用

SQL 语言功能极强，但其语言十分简洁，完成数据定义、数据操纵、数据控制的核心功能只用了 CREATE、DROP、ALTER、SELECT、INSERT、UPDATE、DELETE、GRANT、REVOKE 9 个动词，而且 SQL 语言语法简单，接近英语口语，因此易学易用。

1.4 实训 数据库设计基础

1.4.1 实训目的

1）掌握 E-R 图的画法。

2）掌握 E-R 图到关系数据模型的转换方法。

3）判断关系表的范式。

1.4.2 实训内容

1）设计一个学生成绩管理系统，主要包括学生和课程两个实体。

2）完成以下实训内容。

① 画出每个实体（学生和课程）的 E-R 图，并反映两个实体之间的联系，并标出它们的一个码。

参考答案：

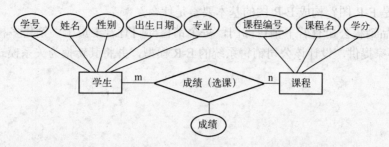

② 写出每个实体及其联系所对应的关系模式，并标出主键和外键。

学生表（<u>学号</u>，姓名，性别，出生日期，专业）

课程表（<u>课程编号</u>，课程名，学分）

成绩表（<u>学号</u>，<u>课程号</u>，成绩）

注意：多对多的联系一般要转换为一个新的关系模式，其中包括多对多联系的每个实体的码和新增的属性。

③ 参照【例 1-1】，列出每个关系模式所对应的二维关系表，并列举一些记录。

④ 判断学生表、课程表和成绩表 3 个关系表属于第几范式。

1.5 本章知识框架

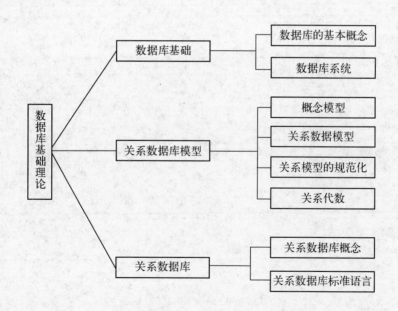

1.6 习题

1. 什么是数据、数据库、数据库管理系统、数据库系统？

2. 说出你所知道的 DBMS？

3. 试述 SQL 的特点。

4. 什么是 E-R 图？构成 E-R 图的基本要素是什么？

5. 某商品销售公司有若干销售部门，每个销售部门有若干员工，销售多种商品，所有商品由一个厂家提供，设计该公司销售系统的 E-R 模型，并将其转换为关系模式。

第 2 章　SQL Server 2005 概述

知识目标

- 掌握 SQL Server 2005 的特性和安装
- 掌握 SQL Server 2005 服务器的管理

技能目标

- 能够熟练安装 SQL Server 2005
- 能够使用 SQL Server Management Studio 连接 SQL Server 2005 数据库服务器
- 能够使用 SQL Server Management Studio 设置身份验证方式

2.1　SQL Server 2005 配置与安装

2.1.1　SQL Server 2005 版本简介

SQL Server 2005 的版本主要包括以下几个版本。

1．SQL Server 2005 Enterprise Edition——企业版

企业版支持超大型企业进行联机事务处理（OLTP），能够进行复杂的数据分析，满足超大型企业的数据仓库系统和网站性能水平。企业版是最为全面的版本，是超大型企业的理想选择，能够满足最复杂的要求。

该版本还推出了一种适用于 32 位或 64 位平台的 120 天的评估版（Evaluation Edition）。

2．SQL Server 2005 Standard Edition——标准版

标准版是适合于中小型企业使用的数据管理和分析平台，包括电子商务、数据仓库和业务流程解决方案所需的基本功能，其集成的商务智能和高可用性功能可以为企业提供支持其运营所需的基本功能。

3．SQL Server 2005 Developer Edition——开发版

开发版能够让开发人员在 SQL Server 上生成任何类型的应用程序。它包括企业版的全部功能，但是有许可限制，只能用于开发和测试系统，而不能用做生产服务器。

该版本是独立软件供应商、咨询人员、系统集成商、解决方案供应商以及创建和测试应用程序的企业开发人员的理想选择。

该版本可以根据生产需要升级至企业版。

4．SQL Server 2005 Express Edition——简易版

简易版是一个免费的、易用且便于管理的数据库，多用于学习，与 Visual Studio 2005 集成在一起，主要的功能有简单报表、复制和 SSB 客户端。

该版本是低端独立软件供应商（ISV）、低端服务器用户、创建 Web 应用程序的非专业开发人员的理想选择。

5．SQL Server 2005 Workgroup Edition——工作组版

工作组版仅适用于 32 位操作系统，是小型企业理想的数据管理解决方案。该版本可以用做前端 Web 服务器，也可以用于部门或分支机构的运营。

该版本包括 SQL Server 产品系列的核心数据库功能，可以轻松地升级至企业版或标准版。

该版本是理想的入门级数据库，具有可靠、功能强大且易于管理的特点。

注意：32 位和 64 位操作系统的区别。简单地说，x86 代表 32 位操作系统，x64 代表 64 位操作系统。64 位的操作系统主要有 Windows XP Professional x64 Edition、Windows Server 2003 x64 Edition。另外，Windows Vista 也有 64 位的版本。目前，绝大多数用户使用的是 32 位操作系统。

2.1.2　SQL Server 2005 的安装环境

安装 SQL Server 2005 之前，首先应该熟悉安装该软件的软硬件以及网络环境需求，根据这些来对照现在的条件进行检查。

1）SQL Server 2005 的硬件环境需求见表 2-1（32 位操作系统上的安装需求）。

表 2-1　硬件环境

硬　件	最　低　要　求
CPU	建议主频 600MHZ 或更高
内存	至少 512MB，简易版至少 192MB 或少发出警告，但可以继续安装
硬盘	数据库引擎等核心占用：150MB
	分析服务：35KB
	报表服务及报表管理：40MB
	通知服务：5MB
	集成服务：9MB
	客户机组件：12MB
	管理工具：70MB
	开发工具：20MB
	联机丛书：15MB
	示例和示例数据库：390MB
监视器	VGA 或更高，要求 1024×768
光驱	相应的 CD 或 DVD
网卡	10/100 单机可以无网卡

2）SQL Server 2005 的软件环境需求见表 2-2（32 位操作系统上的安装需求）。

表 2-2　软件环境

版　本	最　低　需　求
企业版	Windows 2000 Server SP4 仅限服务器　　Windows 2003 sp1
开发版	Windows 2000 SP4 （所有版本）　Windows XP 家庭或专业 SP2、Windows 2003 SP1

版　本	最　低　需　求
标准版	同开发版，只是不支持 XP 家庭版
工作组版	同标准版
简易版	同标准版，不支持 XP 任何版本

3）SQL Server 2005 的网络环境需求见表 2-3。

表 2-3　网络组件环境

网　络　组　件	最　低　需　求
IE	IE 6.0 以上。如果只安装客户端且不需要连接到要求加密的服务器，则 IE4.01 SP1
IIS	报表服务需要 IIS5.0
ASP.NET	报表服务需要 ASP.NET 2.0

4）SQL Server 2005 的其他安装需求。

SQL Server 2005 的安装还需要满足以下 3 个条件（如果是 Windows Server 2003 SP1 则会自动满足，否则，需要单独安装以下组件后才能正确安装 SQL Server 2005）。

Microsoft Windows installer 3.1 或更高。

Microsoft 数据库访问组件（MDAC）2.8 或更高版本。

Microsoft .NET Framework 2.0。

这些组件都可以免费下载。

2.1.3　SQL Server 2005 的安装

安装 SQL Server 2005 时，可以根据自己机器的软硬件环境和实际需求，选择一个合适的版本进行安装。

目前大多数的计算机个人用户安装的操作系统是 32 位的 Windows XP 操作系统，因此本教程以开发版为例介绍 SQL Server 2005 的安装步骤。

1）将 SQL Server 2005 DVD 插入 DVD 驱动器。如果 DVD 驱动器的自动运行功能无法启动安装程序，导航到 DVD 的根目录，然后启动 splash.hta。

2）在自动运行的对话框中，单击"基于 x86 的操作系统"，如图 2-1 所示。

图 2-1　启动界面

3）在安装界面单击安装"服务器组件、工具、联机丛书和示例"，如图 2-2 所示。

4）在"最终用户许可协议"页面上，阅读许可协议，再选中相应的复选框以接受许可条款和条件。接受许可协议后即可激活"下一步"按钮。若要继续，单击"下一步"按钮，若要结束安装程序，单击"取消"按钮，如图 2-3 所示。

图 2-2　安装界面

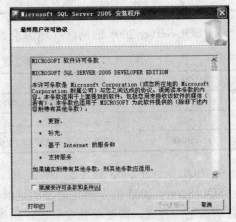

图 2-3　用户许可协议

5）在"SQL Server 组件更新"页面上，安装程序将安装 SQL Server 2005 的必需软件。若要开始执行组件更新，单击"安装"按钮。更新完成之后若要继续，单击"下一步"按钮，如图 2-4 所示。

6）系统执行检查后出现 SQL Server 安装向导的"欢迎"页面，单击"下一步"按钮以继续安装，如图 2-5 所示。

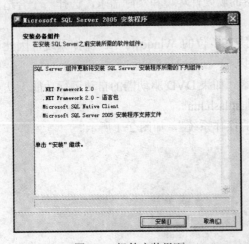

图 2-4　组件安装界面

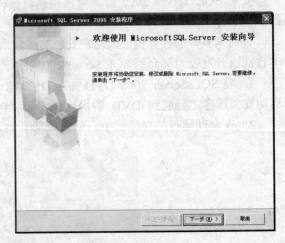

图 2-5　安装向导

7）在"系统配置检查"页面，将扫描安装计算机，以检查是否存在可能妨碍安装程序的条件，如图 2-6 所示。

8）在"注册信息"页面的"姓名"和"公司"文本框中，输入相应的信息。若要继续，单击"下一步"按钮，如图 2-7 所示。

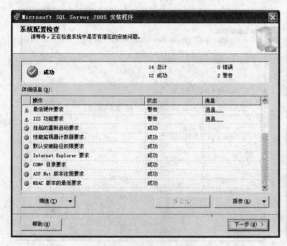

图 2-6　系统配置检查　　　　　　　　　　　图 2-7　注册信息

9）在"要安装的组件"页面，选择要安装的组件。选择各个组件时，"要安装的组件"窗格中会显示相应的说明。可以选中任意一些复选框（一般至少要选择第一项"SQL Server Database Services"）。建议全选。若要安装单个组件，单击"高级"按钮，否则单击"下一步"按钮继续，如图 2-8 所示。

10）在"实例名"页面，为安装的软件选择默认实例或已命名的实例。计算机上必须没有默认实例，才可以安装新的默认实例。若要安装新的命名实例，单击"命名实例"，然后在提供的空白处键入一个唯一的实例名，如图 2-9 所示。

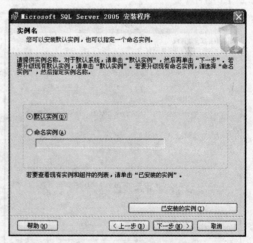

图 2-8　安装组件选择　　　　　　　　　　图 2-9　实例选择和设置

11）在"服务账户"页面，为 SQL Server 服务账户指定用户名、密码和域名。可以对所有服务使用一个账户，如图 2-10 所示。

12）在"身份验证模式"页面，选择要用于 SQL Server 安装的身份验证模式。如果选择 Windows 身份验证模式"，安装程序会创建一个 sa 账户，该账户在默认情况下是被禁用的。选择"混合模式身份验证"时，输入并确认系统管理员（sa）登录名。建议选择混合模式，输入安全的密码并牢记该密码，如图 2-11 所示。

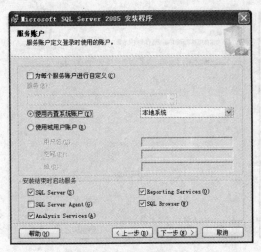

图 2-10　服务账户设置　　　　　　　　图 2-11　身份验证设置

13）如果选择 Reporting Services 作为要安装的功能，将显示"报表服务器安装选项"页面，使用单选按钮选择是否使用默认值配置报表服务器。如果没有满足在默认配置中安装 Reporting Services 的要求，则必须选择"安装但不配置服务器"安装选项。若要继续安装，单击"下一步"按钮，如图 2-12 所示。

14）在"错误报告"页面，可以清除复选框以禁用错误报告。要查看有关错误报告功能的详细信息，单击该页面底部的"帮助"按钮。若要继续安装，单击"下一步"按钮，如图 2-13 所示。

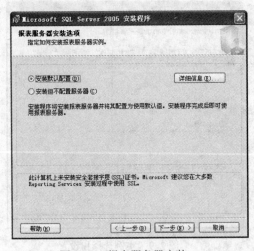
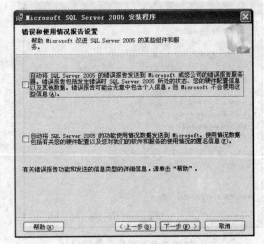

图 2-12　报表服务器安装　　　　　　　　图 2-13　错误报告设置

15）在"准备安装"页面，查看要安装的 SQL Server 功能和组件的摘要。若要继续安装，单击"安装"按钮，如图 2-14 所示。

16）在"安装进度"页面，可以在安装过程中监视安装进度。若要在安装期间查看某个组件的日志文件，单击"安装进度"页面的产品或状态名称，如图 2-15 所示。

17）在"完成 Microsoft SQL Server 2005 安装"页面，可以通过单击此页面提供的链接查看安装摘要日志。若要退出 SQL Server 安装向导，单击"完成"按钮，如图 2-16 所示。

图 2-14 准备安装

图 2-15 安装进度监视

18）如果提示重新启动计算机，立即重新启动。

19）如果成功安装了 SQL Server 2005，则在"开始"菜单中添加了如图 2-17 所示的程序组和相应的程序项。

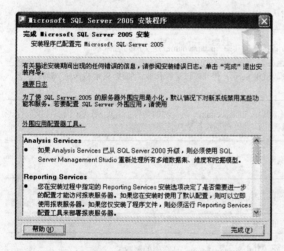

图 2-16 安装完成

图 2-17 SQL Server 2005 程序组

2.1.4 SQL Server 2005 安装验证

若要验证 Microsoft SQL Server 2005 安装成功，确保安装的服务正运行于计算机上。

验证 SQL Server 2005 服务的安装成功可以参照以下步骤。

在"控制面板"中，双击"管理工具"，双击"服务"，然后查找相应的服务显示名称，如图 2-18 所示。

如果服务没有运行，通过鼠标右键单击服务，再单击"启动"，启动服务，如果服务无法启动，则需检查服务属性中的.exe 路径，确保指定的路径中存在 .exe。

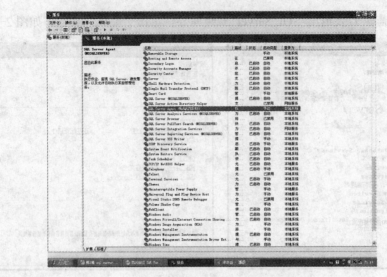

图 2-18　SQL Server 服务管理

表 2-4 列出了 SQL Server 2005 多项服务名称及其功能。

表 2-4　SQL Server 2005 各项服务名称及功能

网络组件	最 低 需 求
SQL Server （MSSQLSERVER）	SQL Server 数据库引擎的默认实例
SQL Server （instancename）	SQL Server 数据库引擎的命名实例，其中 instancename 是实例的名称
SQL Server 代理 （MSSQLSERVER）	SQL Server 代理的默认实例。SQL Server 代理可以运行作业，监视 SQL Server，激发警报，允许自动执行某些管理任务
SQL Server 代理 （instancename）	SQL Server 代理的命名实例，其中 instancename 是实例的名称。SQL Server 代理可以运行作业，监视 SQL Server，激发警报，允许自动执行某些管理任务
Analysis Services （MSSQLSERVER）	Analysis Services 的默认实例
分析服务器 （instancename）	Analysis Services 的命名实例，其中 instancename 是实例的名称
Reporting Services	Microsoft Reporting Services 的默认实例
Reporting Services （instancename）	Reporting Services 的命名实例，其中 instancename 是实例的名称

注意：实际服务名称与其显示名称略有不同。通过鼠标右键单击服务并选择"属性"可以查看服务名称。

2.2　SQL Server 2005 的主要执行环境

2.2.1　Analysis Services

提供"部署向导"，为用户提供将某个 Analysis Services 项目的输出部署到某个目标服务器的功能。

2.2.2　配置工具

SQL Server 2005 子菜单中提供的配置管理器"SQL Server Configuration Manager"用于查看和配置 SQL Server 的服务，如图 2-19 所示。

图 2-20 所示是 SQL Server 2005 系统的服务项目。

图 2-19　SQL Server 2005 配置管理器　　　图 2-20　SQL Server 2005 的各项服务

用鼠标右键单击某个服务名称，可以查看该服务的属性，并且可以启动、停止、暂停和重新启动相应的服务。也可以使用操作系统"我的电脑"→"管理"选项，在"计算机管理"窗口中查看以及启动、停止、暂停和重新启动的相应服务。

2.2.3　文档和教程

文档和教程提供了 SQL Server 2005 的联机帮助和示例数据库概述。

2.2.4　性能工具

性能工具子菜单提供了"SQL Server Profiler"和"数据库引擎优化顾问"用户数据库性能调试和优化工具。

2.2.5　SQL Server Business Intelligence Development Studio

商务智能（BI）系统开发人员设计的集成开发环境，构建于 Visual Studio 2005 技术之上，为商业智能系统开发人员提供了一个丰富、完整的专业开发平台，支持商业智能平台上的所有组件的调试、源代码控制以及脚本和代码的开发。

2.2.6　SQL Server Management Studio

SQL Server Management Studio 将 SQL Server 早期版本中包含的企业管理器、查询分析器和分析管理器的功能组合到单一环境中，为不同层次的开发人员和管理员提供 SQL Server 访问能力。

【例 2-1】　打开 SQL Server Management Studio。

1）选择"开始"→"所有程序"→"Microsoft SQL Server 2005"→"SQL Server Management Studio"程序项。系统显示"连接到服务器"对话框，如图 2-21 所示。

2）在"服务器类型"下拉列表框中显示的是上次选择的服务器类型，如果是首次使用，则显示的是"数据库引擎"，也就是数据库服务器类型。这也是最常用和最主要的服务器类型。

图 2-21 连接服务器

3）在"服务器名称"下拉列表框中显示的是上次连接的服务器名称，如果是首次使用，则显示的是本地计算机名，表示本地默认实例。

4）在"身份验证"下拉列表框中选择验证类型"SQL Server 身份验证"或"Windows 身份验证"，单击"连接"按钮。

5）启动后，将显示"Microsoft SQL Server Management Studio"窗口，如图 2-22 所示。

图 2-22 "SQL Server Management Studio"窗口

【例 2-2】 在"Microsoft SQL Server Management Studio"窗口实现查询。

单击工具栏左侧的"新建查询"按钮，也可以选择"文件"菜单下的"新建"，选择"数据库引擎查询"，即可打开"查询分析器"，输入 SQL 语句，单击工具栏中的"执行"按钮或〈F5〉键，查询后的结果将会显示在结果窗口，如图 2-23 所示。

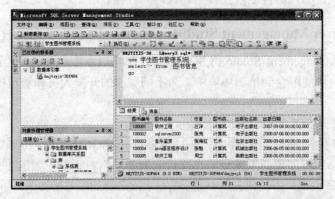

图 2-23 在"SQL Server Management Studio"中执行查询

2.3 SQL Server 2005 服务器管理和配置

安装完成以后，需要对 SQL Server 2005 服务器以及各项服务进行配置和管理。主要的配置和管理包括以下几个方面。

注意：SQL Server 服务特指 SQL Server 的数据库引擎服务。SQL Server 服务是 SQL Server 所有类型的服务中的一种。

2.3.1 SQL Server 服务的启动、停止和暂停

1. 使用 SQL Server 配置管理器管理服务

使用 SQL Server 配置管理器可以启动、停止、暂停和重新启动 SQL Server 服务，步骤如下。

1）选择"开始"→"所有程序"→"Microsoft SQL Server 2005"→"配置工具"，选择"SQL Server Configuration Manager"程序项，打开 SQL Server 配置管理器。

2）图 2-24 是 SQL Server 配置管理器的界面，单击"SQL Server 2005 服务"，在右侧的窗格可以看到所有的 SQL Server 服务，包括不同实例的服务。

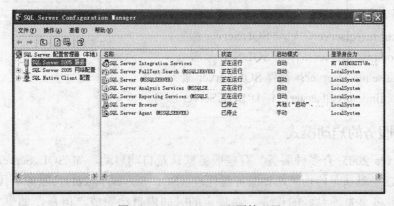

图 2-24　SQL Server 配置管理器

3）用鼠标右键单击服务名称，在弹出的快捷菜单中可以选择启动、停止、暂停和重新启动 SQL Server 服务。

2. 使用 SQL Server Management Studio 管理服务

使用 SQL Server Management Studio 也可以完成相同的操作。其步骤如下。

1）启动 SQL Server Management Studio，连接到 SQL Server 服务器。

2）在如图 2-25 所示的界面用鼠标右键单击服务器名，在弹出的快捷菜单中选择启动、停止、暂停和重新启动即可。

3. 使用"控制面板"管理 SQL Server 服务

由于 SQL Server 服务是以"服务"的方式在后台运行的，所以可以在"服务"对话框进行启动、停止、暂停和重新启动的操作。

1）选择"开始"→"控制面板"→"管理工具"→"服务"。

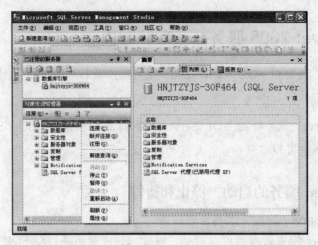

图 2-25　SQL Server Management Studio 管理服务

2）在"服务"对话框中，用鼠标右键单击 SQL Server（MSSQLSERVER），在弹出的快捷菜单中选择启动、停止、暂停和重新启动即可。

4．使用命令管理服务

选择"开始"→"运行"，在"运行"对话框中输入命令即可。

命令及其功能如下：

- Net start mssqlserver：启动 SQL Server 服务。
- Net stop mssqlserver：停止 SQL Server 服务。
- Net pause mssqlserver：暂停 SQL Server 服务。
- Net continue mssqlserver：恢复 SQL Server 服务。

2.3.2　配置服务的启动模式

SQL Server 2005 有多种服务。有些服务默认是自动启动，如 SQL Server（数据库引擎）；而有些服务默认是停止的，如服务器代理（SQL Server Agent）。服务器代理可以帮助管理员完成很多事先预设好的作业，在规定的时间内自动完成。但是，如果 SQL Server Agent 没有启动，那么所有的作业就不会自动完成了。而管理员又不一定每次重启时都会记得手动启动 SQL Server Agent。最好的办法是让 SQL Server Agent 自动启动。这样就可以一劳永逸了。

设置 SQL Server 各项服务自动启动的方法有以下两种。

- 通过"SQL Server 配置管理器"设置。
- 在"控制面板"的"服务"里设置。

1．通过"SQL Server 配置管理器"设置

1）启动"SQL Server 配置管理器"，单击"SQL Server 2005 服务"，用鼠标右键单击某项服务，在快捷菜单里选择"属性"。

2）在如图 2-26 所示的属性对话框（以 SQL Server Agent 为例）中，切换到"服务"选项卡，单击"启动模式"项右边的下三角按钮，在下拉列表框选择"自动"，单击"确定"按钮完成。

2．通过"控制面板"的"服务"设置

1）选择"开始"→"控制面板"→"管理工具"→"服务"。

2）在"服务"对话框中，用鼠标右键单击 SQL Server 的某项服务，在弹出的快捷菜单中选择"属性"。

3）在弹出的服务属性对话框（以 SQL Server Agent 服务为例）中，设置"启动类型"为"自动"即可，如图 2-27 所示。

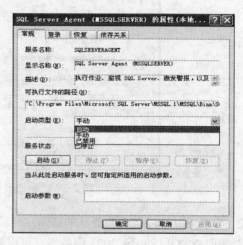

图 2-26 "SQL Server Agent 属性"对话框　　　　图 2-27 "服务"里的"SQL Server Agent 属性设置"对话框

2.3.3 服务器的注册和取消

1．SQL Server 2005 服务器的注册

在完成 SQL Server 2005 安装后，第一次启动 SQL Server Management Studio 时，系统会自动注册 SQL Server 的本地实例。

要想注册新的 SQL Server 2005 服务器（可以是本地，也可以是远程），可以在"SQL Server Management Studio"主窗口，如图 2-28 所示的"已注册的服务器"窗口用鼠标右键单击"数据库引擎"，在弹出的快捷菜单中选择"新建"项下的"服务器注册"，出现如图 2-29 所示的"新建服务器注册"对话框，输入各项注册服务器信息即可完成注册。

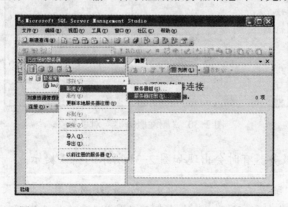

图 2-28 "SQL Server Management Studio"主窗口

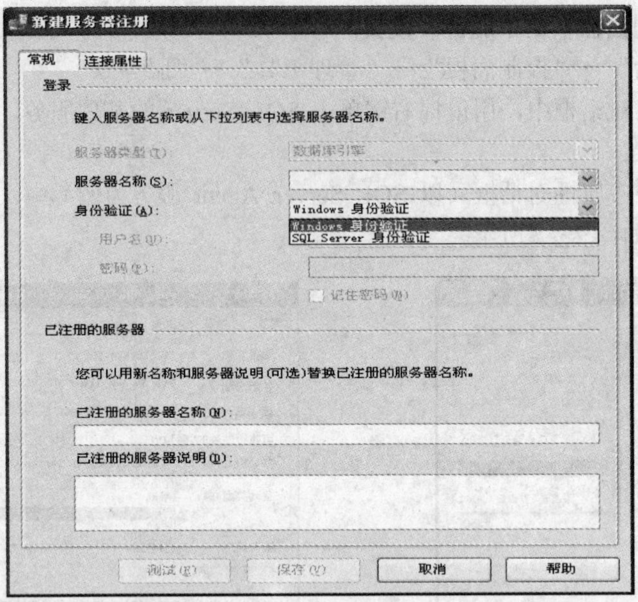

图 2-29 "新建服务器注册"对话框

2. SQL Server 2005 服务器的取消

要想取消 SQL Server 2005 服务器（可以是本地，也可以是远程），可以在"SQL Server Management Studio"主窗口的"已注册的服务器"窗口选择某个已注册的服务器用鼠标右键单击，在弹出的快捷菜单中选择"删除"即可，如图 2-30 所示。

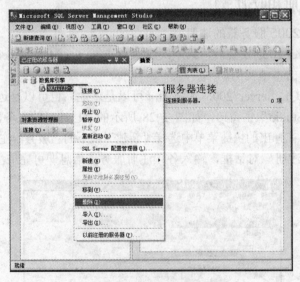

图 2-30 "删除服务器"对话框

注意：注册远程服务器有时会出现如图 2-31 所示的错误提示。

解决方法：使用"配置工具"下的"SQL Server 外围应用配置器"，单击"服务和连接的外围应用配置器"，如图 2-32 所示。单击"远程连接"，更改相应设置，允许远程连接即可。

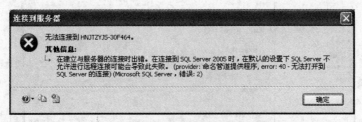

图 2-31　远程服务器连接错误对话框

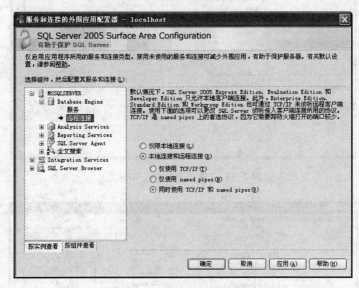

图 2-32　SQL Server 外围应用配置器设置远程连接

2.3.4　SQL Server 2005 服务器身份验证模式

1. 更改 SQL Server 2005 服务器身份验证模式

安装过程中，SQL Server 数据库引擎设置为 Windows 身份验证模式或 SQL Server 和 Windows 混合身份验证模式。

更改安全身份验证模式的步骤如下：

1）在 SQL Server Management Studio 的对象资源管理器中，用鼠标右键单击服务器，再单击"属性"。

2）在"安全性"页面的"服务器身份验证"选项组，选择新的服务器身份验证模式，再单击"确定"按钮，如图 2-33 所示。

3）在 SQL Server Management Studio 对话框中，单击"确定"按钮以确认需要重新启动 SQL Server。

2. 启用和设置 sa 用户身份的密码

使用 SQL Server Management Studio 启用 sa 登录账户的步骤如下：

1）在对象资源管理器中，依次展开"安全"、"登录名"，用鼠标右键单击"sa"，再单击"属性"。

2）在"常规"页面上，可能需要为 sa 登录名创建密码并确认该密码，如图 2-34 所示。

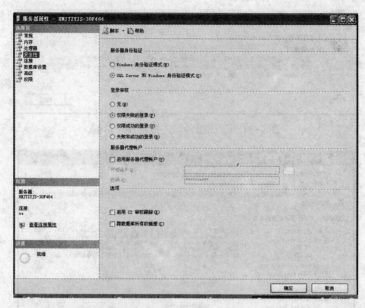

图 2-33 "服务器属性"对话框

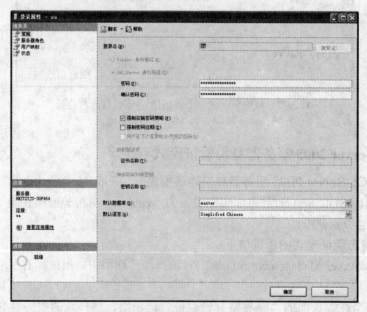

图 2-34 "登录属性"对话框

3）在"状态"页面上的"登录"部分，单击"启用"，单击"确定"按钮，如图 2-35 所示。

3. 从 SQL Server Management Studio 重新启动 SQL Server

在对象资源管理器中，用鼠标右键单击服务器，再单击"重新启动"。如果运行有 SQL Server 代理，则也必须重新启动该代理。

4. SQL Server 2005 服务器的两种身份验证模式的区别

SQL Server 身份验证适合远程连接，Windows 身份验证就适合域内连接，做程序，主要是用 SQL Server 身份验证。

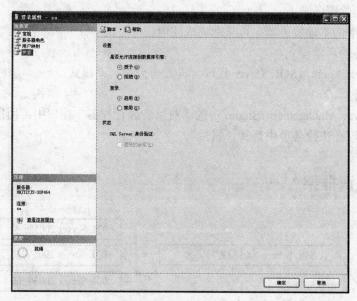

图 2-35　启用登录

Windows 验证是集成于操作系统，利用判断系统账号来判定是否有权访问；而混合模式则是使用数据库自己的用户名进行访问，和系统账户不相干。一般选择混合模式比较安全。另外，Windows 验证不用密码在本机可以直接登入；而混合认证需要输入正确的用户名和密码才能进行下一步操作。

2.4　实训　SQL Server 2005 的安装与配置

2.4.1　实训目的

1）能够熟练安装 SQL Server 2005 开发版。

2）掌握常用的 SQL Server 2005 服务器的配置。

2.4.2　实训内容

1）利用 SQL Server 2005 开发版光盘或镜像文件在 Windows XP 下完成安装。

2）利用 SQL Server Management Studio 连接到 SQL Server 数据库引擎服务器。

3）更改 SQL Server 2005 服务器身份验证模式和设置 sa 账号密码。

分别使用 Windows 身份验证和 SQL Server 身份验证连接 SQL Server（数据库引擎）服务器。

4）停止和暂停服务。

选择"开始"→"所有程序"→"Microsoft SQL Server 2005"→"配置工具"，选择"SQL Server Configuration Manager"程序项，打开 SQL Server 配置管理器。

用鼠标右键单击服务名称，在弹出的快捷菜单中可以选择启动、停止、暂停和重新启动

SQL Server 各项服务。

5）注册和删除服务器。

先删除已注册的本地服务器，再重新完成注册。

6）配置服务的启动模式。

将 SQL Server Agent（SQL Server 代理）设置为自动启动模式。

7）配置服务器。

在 SQL Server Management Studio 中的"对象资源管理器"窗口中，用鼠标右键单击要配置的服务器名，在快捷菜单中选择"属性"。

2.5　本章知识框架

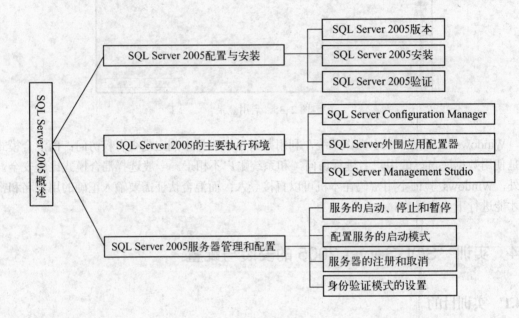

2.6　习题

1. 32 位和 64 位的含义是什么？
2. SQL Server 2005 有哪些版本？
3. 默认实例和命名实例有什么区别？
4. SQL Server 2005 身份验证模式有几种？如何设置？区别是什么？
5. 如何停止、启动、暂停和重新启动 SQL Server 服务？
6. 如何使用 SQL Server Management Studio 删除和注册服务器？

第 3 章　SQL Server 2005 数据库及其操作

知识目标

- 掌握系统数据库、用户数据库及其对象
- 掌握文件、文件组和事务日志
- 掌握备份和还原的基本概念

技能目标

- 能够使用 SQL Server Management Studio 创建、修改和删除数据库
- 能够使用 T-SQL 语句创建、修改和删除数据库
- 能够使用 SQL Server Management Studio 和 T-SQL 语句备份和还原数据库

3.1　系统数据库

SQL Server 2005 包含 master、model、msdb、tempdb 和 resource 五个系统数据库。在创建任何数据库之前，利用 Microsoft SQL Server Management Studio 工具可以看到前四个系统数据库。

1. master 数据库

master 数据库记录 SQL Server 系统的所有系统级信息，包括实例范围的元数据（如登录账户）、端点、链接服务器和系统配置设置。master 数据库还记录所有其他数据库是否存在以及这些数据库文件的位置。另外，master 还记录 SQL Server 的初始化信息。因此，如果 master 数据库不可用，则 SQL Server 无法启动。在 SQL Server 2005 中，系统对象不再存储在 master 数据库中，而是存储在 Resource 数据库中。不能在 master 数据库中创建任何用户对象（如表、视图、存储过程或触发器）。master 数据库包含 SQL Server 实例使用的系统级信息（如登录信息和配置选项设置）。

2. model 数据库

model 数据库被用做在 SQL Server 实例上创建的所有数据库的模板。对 model 数据库进行的修改（如数据库大小、排序规则、恢复模式和其他数据库选项）将应用于以后创建的所有数据库。当发出 CREATE DATABASE 语句时，将通过复制 model 数据库中的内容来创建数据库的第一部分，然后用空白页填充新数据库的剩余部分。在 SQL Server 实例上创建的新数据库的内容，在开始创建时都与 model 数据库完全一样。如果修改 model 数据库，之后创建的所有数据库都将继承这些修改。例如，可以设置权限或数据库选项或者添加对象，如表、函数或存储过程等。因为每次启动 SQL Server 时都会创建 tempdb，所以 model 数据库必须始终存在于 SQL Server 系统中。

3. msdb 数据库

msdb 数据库由 SQL Server 代理，用来计划警报和作业以及与备份和还原相关的信息，尤其是 SQL Server Agent 需要使用它来执行安排工作和警报，记录操作者的操作等。

4. tempdb 数据库

tempdb 数据库是连接到 SQL Server 实例的所有用户都可用的全局资源，它保存所有临时表和临时存储过程。另外，它还被用来满足所有其他临时存储要求，例如存储 SQL Server 生成的工作表。每次启动 SQL Server 时，都要重新创建 tempdb，以便系统启动时，该数据库总是空的。在断开连接时会自动删除临时表和存储过程，并且在系统关闭后没有活动连接。因此，tempdb 中不会有什么内容从一个 SQL Server 会话保存到另一个会话。

5. resource 数据库

resource 数据库是只读数据库，它包含了 SQL Server 2005 中的所有系统对象。SQL Server 系统对象（如 sys.objects）在物理上持续存在于 Resource 数据库中，但在逻辑上则出现在每个数据库的 sys 架构中。resource 数据库具有显著的优点，例如快速的版本升级和易于回滚 Service Pack 的能力。resource 数据库的物理文件名为 Mssqlsystemresource.mdf。默认情况下，此文件位于 x:\Program Files\Microsoft SQL Server\MSSQL.1\MSSQL\Data\Mssqlsystemresource.mdf。请勿移动或重命名资源数据库文件。如果该文件被重命名或移动，SQL Server 将不启动。

3.2 数据库的存储结构

3.2.1 数据库的逻辑结构

SQL Server 2005 数据库中的数据在逻辑上被组织成一系列对象，当一个用户连接到数据库后，所看到的是这些逻辑对象，而不是物理的数据库文件。数据库中主要包括下列对象。

1）表：具体组织和存储数据的对象，由列和行组成，其中每一列都代表一个相同类型的数据。

2）记录：在表的结构建立完毕之后，表中的每一行数据就是一条记录。

3）主键：表中的一列或多列的组合。它的值能唯一地确定一条记录。

4）外键：它存在于 A 表中，但不是 A 表的主键；它同时也存在于 B 表中，且是 B 表的主键，那么称这一列或多列是 A 表相对于 B 表的外键。外键是用来实现表与表之间参照完整性的。

5）索引：某个表中一列或若干列值的集合和相应的指向表中物理标识这些值的数据页的逻辑指针清单。它提供了数据库中编排表中数据的内部方法。

6）约束：SQL Server 实施数据一致性和数据完整性的方法或者说是一套机制，它包括主键约束、外键约束、Unique 约束、Check 约束、默认值和允许空等六种机制。

7）默认值：其功能就是在数据表中插入数据时，对没有指定具体值的字段，数据库会自动提供默认的数据。

8）规则：用来限制数据表中字段的有限范围，以确保列中数据完整性的一种方式。

9）存储过程：一组经过编译的可以重复使用的 Transact-SQL 代码的组合。它是经过编译存储到数据库中的,所以运行速度要比执行相同的 SQL 语句快。

10）触发器:一种特殊的存储过程,与表格或某些操作相关联。当用户对数据进行插入、修改、删除或数据库（表）建立、修改、删除时激活,并自动执行。

3.2.2 数据库的物理结构

1. 数据库文件

SQL Server 2005 数据库具有以下 3 种类型的文件。

（1）主要数据文件

主要数据文件是数据库的起始点,它指向数据库中的其他文件。每个数据库都有一个主要数据文件。主要数据文件的推荐文件扩展名是.mdf。

（2）次要数据文件

除主要数据文件以外的所有其他数据文件都是次要数据文件。某些数据库可能不含有任何次要数据文件,而有些数据库则含有多个次要数据文件。次要数据文件的推荐文件扩展名是.ndf。

（3）日志文件

日志文件包含着用于恢复数据库的所有日志信息。每个数据库必须至少有一个日志文件,当然也可以有多个。日志文件的推荐文件扩展名是.ldf。

在 SQL Server 2005 中,数据库中所有文件的位置都记录在数据库的主文件和 master 数据库中。大多数情况下,数据库引擎使用 master 数据库中的文件位置信息。

2. 逻辑文件名和物理文件名

SQL Server 2005 的文件拥有两个名称,即逻辑文件名和物理文件名。当使用 T-SQL 命令语句访问某一文件时,必须使用该文件的逻辑文件名。物理文件名是文件实际存储在磁盘上的文件名,而且可包含完整的磁盘目录路径。

（1）逻辑文件名（logical_file_name）

logical_file_name。是在所有 Transact-SQL 语句中引用物理文件时所使用的名称。逻辑文件名必须符合 SQL Server 标识符规则,而且在数据库中的逻辑文件名中必须是唯一的。

（2）物理文件名（os_file_name）

os_file_name 是包括目录路径的物理文件名。它必须符合操作系统的文件命名规则。

3. 文件大小

SQL Server 2005 的文件可以指定一个初始大小（默认为 1MB）和容量自动增长方式。

4. 文件组

为便于分配和管理,可以将数据库对象和文件一起分成文件组。SQL Server 2005 有以下两种类型的文件组。

（1）主文件组

主文件组包含主数据文件和任何没有明确分配给其他文件组的其他文件。系统表的所有页均分配在主文件组中。

（2）用户定义文件组

用户定义文件组是通过在 CREATE DATABASE 或 ALTER DATABASE 语句中使 FILEGROUP 关键字指定的任何文件组。日志文件不包括在文件组内。日志空间与数据空间分开管理。一个文件不可以是多个文件组的成员。每个数据库中均有一个文件组被指定为默认文件组。

3.3 创建数据库

3.3.1 使用 SQL Server Management Studio 创建数据库

使用 SQL Server Management Studio 创建数据库的具体操作步骤如下：

1）单击"开始"→"程序"→"Microsoft SQL Server 2005"→"SQL Server Management Studio"，打开 SQL Server Management Studio 窗口，设置好服务器类型、服务器名称、身份验证、用户名和密码，单击"连接"按钮。

2）在"对象资源管理器"窗口中用鼠标右键单击"数据库"节点，弹出快捷菜单，选择"新建数据库"命令，弹出新建数据库窗口。

3）在"常规"选项设置界面的"数据库名称"文本框中输入"学生图书管理系统"，如图 3-1 所示。还可以进一步设置新数据库的初始大小、自动增长方式、路径等。

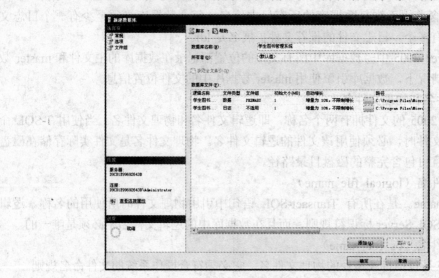

图 3-1 "新建数据库"窗口

4）单击"添加"按钮，可以创建多个次要数据文件和日志文件。

5）单击"确定"按钮完成数据库的创建。

3.3.2 使用 CREATE DATABASE 语句创建数据库

基本语法格式如下：

```
CREATE DATABASE 数据库名称
[ON
[PRIMARY][<filespec> [,...n] ]
[, <filegroup> [,...n] ]
```

```
]
[LOG ON {<filespec> [,...n] } ]
[COLLATE 排序规则名称]
```

其中：

```
<filespec>∷=
([NAME=逻辑文件名,]
FILENAME=物理文件名
[, SIZE=初始大小]
[, MAXSIZE= {最大值|UNLIMITED}]
[, FILEGROWTH=文件增量]） [,...n]
<filesgroup>∷=
FILEGROUP 文件组名称[DEFAULT]<filespec>[,...n]
```

参数说明：

- 数据库名称：新建数据库的名称，必须符合标识符命名规则，且在 SQL Server 的实例中必须唯一。
- PRIMARY：指定数据库的主要数据文件。在主文件组的<filespec>项中指定的第一个文件将成为主要数据文件，一个数据库只能有一个主要数据文件。
- ON：指定存放数据库的数据文件信息。
- LOG ON：指定日志文件的定义，该项省略时，SQL Server 会自动为数据库创建一个日志文件，文件名由系统生成，大小为数据库所有数据文件长度和的 25%或 512KB，取其中的较大者。

【例 3-1】 创建一个未指定文件的数据库。

创建一个名为"教材"的数据库，并创建相应的主文件和事务日志文件。

创建代码如下：

```
CREATE DATABASE 教材
```

因为语句中没有<filespec>项，所以主要数据文件的大小为 model 数据库主要数据文件的大小，事务日志文件将设置为 512KB 和主要数据文件大小的 25%这两者中的较大值，文件可以增大到填满所有的可用磁盘空间为止。

【例 3-2】 创建指定单个数据文件的数据库。

创建名为"学生"的数据库，主要数据文件初始大小为 10MB，最大为 60MB，文件增量为 5MB，事务日志文件初始大小为 5MB，最大为 30MB，文件增量为 5MB。创建代码如下：

```
CREATE DATABASE 学生
ON
(
NAME=学生_dat,
FILENAME='E:\数据库\学生_data.mdf',
SIZE=10MB,
MAXSIZE=60MB,
```

```
FILEGROWTH=5MB
)
LOG ON
(
NAME=学生_log,
FILENAME='E:\数据库\学生_log.ldf',
SIZE=5MB,
MAXSIZE=30MB,
FILEGROWTH=5MB
)
```

因为没有使用关键字 PRIMARY，第一个文件"学生_dat"成为主要数据文件。SIZE 参数中若没有指定 MB 或 KB，将默认按 MB 进行分配。

【例 3-3】 创建指定数据文件和事务日志文件的数据库。

创建名为"班级"的数据库，含有 3 个数据文件和 2 个事务日志文件。创建代码如下：

```
CREATE DATABASE 班级
ON
PRIMARY
(
NAME=班级_1,
FILENAME='E:\数据库\班级_data1.mdf',
SIZE=100MB,
MAXSIZE=300MB,
FILEGROWTH=20MB
) ,
(
NAME=班级_2,
FILENAME='E:\数据库\班级_data2.ndf',
SIZE=100MB,
MAXSIZE=300MB,
FILEGROWTH=20MB
) ,
(
NAME=班级_3,
FILENAME='E:\数据库\班级_data3.ndf',
SIZE=100MB,
MAXSIZE=300MB,
FILEGROWTH=20MB
)
LOG ON
(
NAME=班级_log1,
FILENAME='E:\数据库\班级_log1.ldf',
SIZE=100MB,
MAXSIZE=300MB,
```

```
FILEGROWTH=10MB
),
(
NAME=班级_log2,
FILENAME='E:\数据库\班级_log2.ldf',
SIZE=100MB,
MAXSIZE=300MB,
FILEGROWTH=10MB
)
```

3.4　修改数据库

3.4.1　打开数据库

在 SQL Server Management Studio 窗口中，单击"可用数据库"下拉列表框，选择打开相应的数据库，如图 3-2 所示，或使用语句"USE 数据库名称"打开相应的数据库。

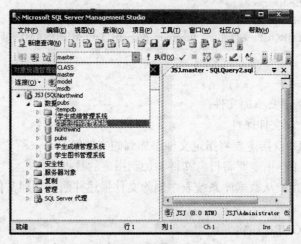

图 3-2　打开数据库

3.4.2　查看数据库信息

1. 使用 SQL Server Management Studio 查看

在 SQL Server Management Studio "对象资源管理器"中用鼠标右键单击数据库名称，在弹出的快捷菜单中选择"属性"命令，出现数据库的属性窗口，在该窗口中显示了所选择数据库的相关信息。

2. 使用 T-SQL 语句查看

使用系统存储过程 sp_helpdb 可以查看数据库的相关信息，基本语法格式如下：

[EXECUTE]　sp_helpdb　[数据库名称]

省略数据库名称，则显示服务器中所有数据库的信息。

3.4.3 使用 SQL Server Management Studio 修改数据库配置

在 SQL Server Management Studio 的对象资源管理器窗口中，用鼠标右键单击要修改的数据库，选择"属性"命令。在弹出的"数据库属性"对话框中，单击"选择页"列表框的"文件"选项，可以添加、删除、修改数据库的数据文件和事务日志文件。

3.4.4 使用 T-SQL 语句修改数据库配置

基本语法格式如下：

```
ALTER   DATABASE 数据库名称
{ADD FILE <filespec> [,...n]
        [TO FILEGROUP {文件组名称|DEFAULT}]
|ADD LOG FILE < filespec > [,...n]
|REMOVE FILE  逻辑文件名
|ADD FILEGROUP  文件组名称
|REMOVE FILEGROUP  文件组名称
|MODIFY FILE <filespec>
|MODIFY NAME=新数据库名称
|MODIFY FILEGROUP  文件组名{ filegroup_property| DEFAULT|NAME=新文件组名称}
}
```

参数说明：
- ADD FILE：指定要添加文件。
- <filespec>：控制文件属性。
- TO FILEGROUP：指定要将指定文件添加到的文件组。
- ADD LOG FILE：指定要将日志文件添加到指定的数据库。
- REMOVE FILE：从数据库系统表中删除文件描述并删除物理文件，只有在文件为空时才能删除。
- ADD FILEGROUP：指定要添加文件组。
- REMOVE FILEGROUP：从数据库中删除文件组并删除该文件组中的所有文件，只有在文件组为空时才能删除。
- MODIFY FILE：指定要更改给定的文件。更改选项包括 FILENAME、SIZE、FILEGROWTH 和 MAXSIZE，一次只能更改这些属性中的一种。
- MODIFY NAME：修改数据库的名称。

【例 3-4】 向数据库"班级"中添加一个数据文件和一个日志文件。

添加文件代码如下：

```
ALTER DATABASE 班级
ADD FILE
(
NAME=班级_4,
FILENAME='E:\数据库\班级_data4.ndf',
SIZE=100MB,
```

```
MAXSIZE=300MB,
FILEGROWTH=20MB
)
GO
ALTER DATABASE 班级
ADD LOG FILE
(
NAME=班级_log3,
FILENAME='E:\数据库\班级_log3.ldf',
SIZE=100MB,
MAXSIZE=300MB,
FILEGROWTH=10MB
)
```

【例 3-5】 将数据文件"班级_4"从"班级"数据库中删除。

删除代码如下：

```
ALTER DATABASE 班级
REMOVE FILE 班级_4
```

【例 3-6】 将数据库"班级"重命名为"CLASS"。

代码如下：

```
ALTER DATABASE 班级
MODIFY NAME=CLASS
```

【例 3-7】 将数据库"CLASS"中数据文件"班级_3"的 SIZE 增加为 200MB。

代码如下：

```
ALTER DATABASE CLASS
MODIFY FILE
(
NAME=班级_3,
SIZE=200MB
)
```

3.5 删除数据库

删除数据库时，可以从 master 数据库中执行 sp_helpdb 查看数据库列表，用户只能根据自己的权限删除用户数据库，不能删除当前正在使用的数据库，更无法删除系统数据库。删除数据库意味着将删除数据库中的所有对象，包括表、视图和索引等。

3.5.1 使用 SQL Server Management Studio 删除数据库

在 SQL Server Management Studio 的"对象资源管理器"中，选中要删除的数据库，单击鼠标右键，选择"删除"命令，弹出"删除对象"窗口，单击"确定"按钮即可，如图 3-3 所示。

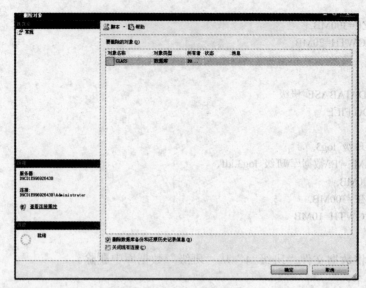

图 3-3 "删除对象"窗口

3.5.2 使用 T-SQL 语句删除数据库

语法格式如下：

DROP DATABASE 数据库名称[,...n]

【例 3-8】 删除"CLASS"、"教材"两个数据库。

DROP DATABASE CLASS, 教材

3.6 备份和还原数据库

3.6.1 备份和还原的基本概念

任何系统都不可避免地会出现各种形式的故障，而某些故障可能会导致数据库灾难性的损害。因此，应该在故障前做好充分的准备，以便在发生意外后能够快速恢复数据库，使损失减小到最少。

数据库备份是复制数据库结构、对象和数据的拷贝，以便数据库遭受破坏时能够修复数据库。数据库还原是指将备份的数据库再加载到数据库服务器中。

备份数据库，不但要备份用户数据库，也要备份系统数据库。因为系统数据库中存储了 SQL Server 的服务器配置信息、用户登录信息、用户数据库信息、作业信息等。

3.6.2 SQL Server 2005 数据库备份

1. 备份方式

SQL Server 2005 提供了 4 种数据库备份方式，用户可以根据自己的备份策略选择不同的

备份方式。

（1）完全备份

完全备份是指备份整个数据库，包括事务日志部分。数据库完全备份是数据库恢复的基线，事务日志备份、差异备份的恢复完全依赖于在前面进行的数据库完全备份。

（2）差异备份

差异备份是指备份自上一次完全备份之后数据库中发生变化的部分，差异备份能够加快备份操作速度，缩短备份时间。当数据修改频繁时，用户应当执行数据库差异备份，数据库恢复时，先恢复最后一次的数据库完全备份，然后再恢复最后一次的数据库差异备份。

（3）事务日志备份

使用事务日志备份，能够将数据库恢复到特定的时间点或故障点。它只备份最后一次事务日志备份后所有的事务日志记录。备份所需要的时间和空间更少。

（4）文件和文件组备份

该备份方式必须和事务日志备份配合执行才有意义。在执行文件和文件组备份时，SQL Server 会备份某些指定的文件或文件组，为了使恢复文件与数据库中的其余部分保持一致，在执行文件和文件组备份后，必须执行事务日志备份。

2．备份设备

备份设备是指用于存放备份数据的磁带机或磁盘驱动器。创建备份时，必须选择备份设备。

（1）使用 SQL Server Management Studio 创建备份设备

【例 3-9】 使用 SQL Server Management Studio 创建磁盘备份设备"备份 1"。

1）打开 SQL Server Management Studio 连接上服务器，在"对象资源管理器"中展开"服务器对象"节点，用鼠标右键单击"备份设备"，选择"新建备份设备"命令，弹出备份设备对话框。

2）在"备份设备"对话框的"设备名称"文本框中输入逻辑备份名"备份 1"，在"文件"文本框中指定相应的物理备份，如图 3-4 所示。

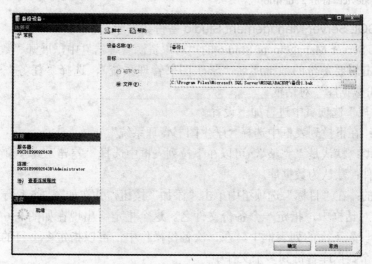

图 3-4 "备份设备"窗口

（2）使用 T-SQL 语句创建备份设备

语法格式如下：

sp_addumpdevice　'备份设备类型'，'备份设备逻辑文件名'，'物理文件名'

参数说明：

- 备份设备类型：disk 或 tape。其中 disk 表示磁盘设备；tape 表示磁带设备。
- 逻辑文件名：备份设备的名字，如"备份 1"。
- 物理文件名：备份设备文件的路径。

【例 3-10】　使用 T-SQL 语句创建一个磁盘备份设备"备份 2"。

```
USE master
GO
sp_addumpdevice 'disk','备份 2','E:\数据库\备份 2.bak'
```

（3）使用 SQL Server Management Studio 删除备份设备

在"对象资源管理器"中，展开"服务器对象"、"备份设备"节点，选中要删除的备份
设备，单击鼠标右键删除即可。

（4）使用 T-SQL 语句删除备份设备

语法格式如下：

sp_dropdevice　'备份设备名' [,'delfile']

参数说明：

- delfile：指定是否要同时删除文件，如果指定为 delfile，则删除备份文件。

【例 3-11】　删除"备份 2"，并同时删除备份文件。

```
USE master
GO
sp_dropdevice '备份 2','delfile'
```

3. 使用 SQL Server Management Studio 备份数据库

1）在 SQL Server Management Studio 的"对象资源管理器"中，展开"数据库"节点，
用鼠标右键单击想要备份的数据库名"学生图书管理系统"，选择"任务"→"备份"命
令，打开"备份数据库"对话框。

2）在"常规"选项页中进行如下设置。

- 数据库：在下拉列表框中选择"学生图书管理系统"。
- 备份类型：默认是"完整"，可以在下拉列表框中选择"差异"或"事务日志"。
- 备份组件：默认为数据库。
- 备份目的：在"目标"选项组中单击"添加"按钮，并在如图 3-5 所示的"选择备份
  目标"对话框中，指定一个备份文件名。这个指定将出现在如图 3-6 所示对话框的
  "备份到："下面的列表框中，在一次备份操作中，可以指定多个目的文件，这样可
  以将一个数据库备份到多个文件中。

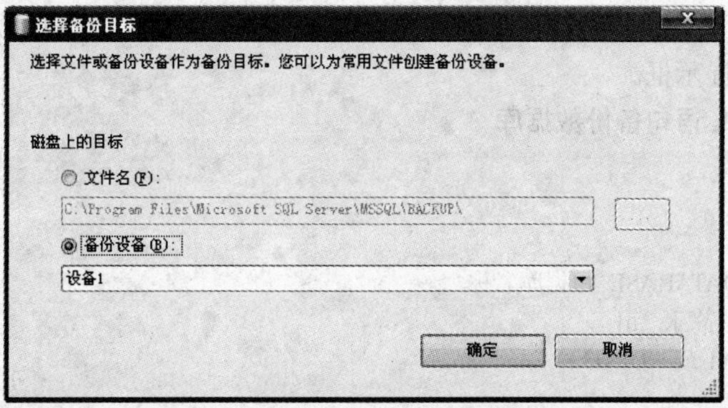

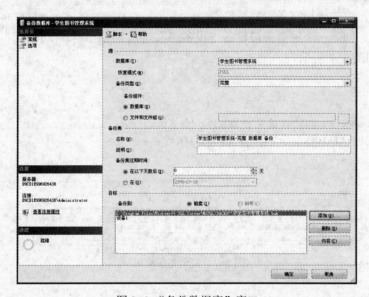

图 3-5 "选择备份目标"对话框

图 3-6 "备份数据库"窗口

3）在"选项页"中进行如下设置。

● 覆盖媒体：选中"追加到现有备份集"单选按钮，则不覆盖现有备份集，将数据库备份追加到备份集中，同一个备份集中可以有多个数据库备份信息；如果选中"覆盖所有现有备份集"，则将覆盖现有备份集，以前在该备份集中的备份信息将无法重新读取。

● 检查媒体集名称和备份集过期时间：选中复选框，则可要求备份操作验证备份集的名称和过期时间，在"媒体集"文本框里可以输入要验证的媒体集名称。

● 新媒体集：选中复选框，可以清除以前的媒体集，并使用新的媒体集备份数据库。在"新建媒体集名称"文本框中输入媒体集的新名称，在"新建媒体集说明"文本框中输入新建媒体集的说明。

● 可靠性：选中"完成后验证备份"复选框，将会验证备份集是否完整以及所有卷是否都可读，选中"写入媒体前检查校验和"将会在写入备份媒体之前验证校验和，但是选中此复选框，可能会增大工作负荷，并降低备份操作的备份吞吐量。

4）设置完成后，返回"备份数据库"对话框，单击"确定"按钮，开始备份数据库，最后会有备份成功提示框。

4. 使用 T-SQL 语句备份数据库

（1）完全备份

语法格式如下：

```
BACKUP DATABASE 数据库名称
TO <备份设备>[,…n]
[WITH {INIT 或 NOINIT}]
```

参数说明：

- INIT：覆盖现有所有备份集。
- NOINIT：追加到现有备份集。

【例 3-12】 创建一个磁盘备份设备"设备 3"，将"学生图书管理系统"完全备份到此设备上，结果如图 3-7 所示。

```
USE master
GO
sp_addumpdevice 'disk','设备 3','e:\数据库\设备 3.bak'
BACKUP DATABASE 学生图书管理系统 TO 设备 3
```

图 3-7　完全备份结果

（2）差异备份

差异备份是在完全备份的 WITH 子句中增加限定词 DIFFERENTIAL。

【例 3-13】 差异备份数据库"学生图书管理系统"。

```
BACKUP DATABASE 学生图书管理系统 TO 设备 3
WITH NOINIT,differential
```

（3）事务日志备份

语法格式如下：

```
BACKUP LOG 数据库名称 TO <备份设备>[,…n]
```

【例 3-14】 将数据库"学生图书管理系统"的事务日志备份到设备 3。

```
BACKUP LOG 学生图书管理系统 TO 设备 3
```

（4）文件和文件组备份

语法格式如下：

BACKUP DATABASE 数据库名称
FILE='数据库文件的逻辑名'|FILEGROUP='数据库文件组的逻辑名'
TO 备份设备
[WITH[NAME='备份的名称'][,INIT|NOINIT]]

【例3-15】 将"学生图书管理系统"数据库中 PRIMARY 文件组备份到设备 3 中。

BACKUP DATABASE 学生图书管理系统
FILEGROUP='PRIMARY' TO 设备 3

3.6.3 SQL Server 2005 数据库还原

1. 使用 SQL Server Management Studio 还原数据库

1) 打开 SQL Server Management Studio, 在"对象资源管理器"中找到节点"学生图书管理系统"数据库, 用鼠标右键单击, 选择"任务"→"还原"→"数据库"命令, 打开"还原数据库"对话框, 如图 3-8 所示。

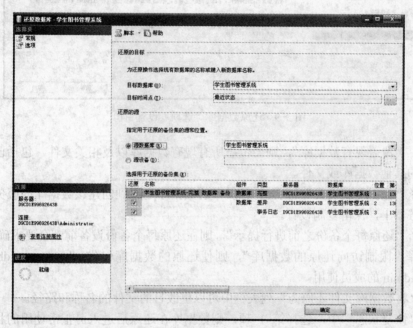

图 3-8 "还原数据库"对话框

2) 在"目标数据库"文本框中选择现有数据库的名称或输入新的数据库名称。

3) 如果备份文件或备份设备里的备份集很多, 还可以选择"目标时间点", 只要有事务日志备份, 就可以还原到某个时刻的数据库状态, 在默认情况下, 该项为"最近状态"。

4) 在"还原的源"选项组里, 指定用于还原的备份集的源和位置。

选择"源数据库", 则从 msdb 数据库中的备份历史记录里查到可用的备份, 并显示在"选择用于还原的备份集"文本框中, 直接进行还原。

选择"源设备", 则要指定还原的备份文件或备份设备, 单击"..."按钮按提示添加备份设备或备份文件。

5）在"选项"设置中可以设置以下内容，如图 3-9 所示。

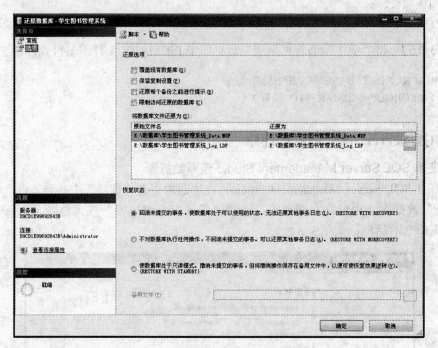

图 3-9 还原数据库"选项"设置窗口

- 选中"覆盖现有数据库"，则会覆盖所有现有数据库以及相关文件，包括已存在的同名的其他数据库或文件。
- 选择"保留复制设置"，则会将已发布的数据库还原到创建该数据库的服务器之外的服务器上，保留复制设置。
- 选择"还原每个备份之前进行提示"，则在还原每个备份设备前都会要求确认。
- 选择"限制访问还原的数据库"，则使还原的数据库仅供 db_owner、dbcreator 或 sysadmin 的成员使用。
- 在"将数据库文件还原为"列表框中可以更改目的文件的名称和路径。
- 在"恢复状态"中，选择第 1 项，则数据库在还原后进入可正常使用的状态，并自动恢复尚未完成的事务，如果本次还原是还原的最后一次操作，可以选择第 1 项。选择第 2 项，则在还原后数据库仍然无法正常使用，也不恢复未完成的事务操作，但是可以再继续还原事务日志备份或数据库差异备份，是数据库能恢复到最接近目前的状态。选择第 3 项，则在还原后恢复未完成事务的操作，并使数据库处于只读的状态，为了可再继续还原后的事务日志备份，还必须指定一个还原文件来存放被恢复的事务。

6）单击"确定"按钮，开始执行还原操作，最后提示成功还原。

2. 使用 T-SQL 语句还原数据库

（1）恢复完全备份和差异备份数据库

语法格式如下：

RESTORE DATABASE 数据库名称 FROM 备份设备
[WITH[FILE＝n][,NORECOVERY|RECOVERY],[REPLACE]]

参数说明：
- FILE＝n：指出从设备上的第几个备份中恢复。
- RECOVERY：表示在数据库恢复完成后 SQL Server 回滚被恢复的数据库中所有未完成的事务，以保持数据库的一致性。在恢复进程后即可随时使用数据库。默认为 RECOVERY。
- NORECOVERY：表示 SQL Server 不回滚任何未提交的事务，恢复后用户不能访问数据库，所以，进行数据库还原时，前面的还原应使用 NORECOVERY，最后一个还原使用 RECOVERY。
- REPLACE：表示要创建一个新的数据库，并将备份还原到这个新的数据库，如果服务器上存在一个同名的数据库，则原来的数据库被删除。

（2）部分恢复
语法格式如下：

RESTORE DATABASE 数据库名 FILE=文件名|FILEGROUP=文件组名
FROM 备份设备
[WITH PARTIAL[,FILE=n][,NORECOVERY][,REPLACE]]

（3）恢复事务日志
语法格式如下：

RESTORE LOG 数据库名 FROM 备份设备
[WITH[FILE＝n][,NORECOVERY|RECOVERY]]

（4）恢复文件或文件组
语法格式如下：

RESTORE DATABASE 数据库名 FILE=文件名|
FILEGROUP=文件组名 FROM 备份设备
[WITH[,FILE=n][,NORECOVERY][,REPLACE]]

【例 3-16】 将【例 3-11】～【例 3-14】进行的"学生图书管理系统"的完全备份、差异备份、事务日志备份等进行还原。

```
USE master
GO
RESTORE DATABASE 学生图书管理系统
from 设备3
WITH FILE=1,NORECOVERY /*还原完全备份*/
RESTORE DATABASE 学生图书管理系统
from 设备3
WITH FILE=2,NORECOVERY /*还原差异备份*/
RESTORE LOG 学生图书管理系统
from 设备3
```

WITH FILE=3 /*还原事务日志备份*/

3.6.4 分离和附加数据库

分离是指将数据库从 SQL Server 实例中删除，但不会删除数据文件和事务日志文件。用户可以使用这些文件将数据库附加到任何 SQL Server 实例，包括分离该数据库的服务器。附加数据库将创建一个新的数据库，并使用已有的数据文件和事务日志文件中的数据。

1. 使用 SQL Server Management Studio 分离数据库

1）打开 SQL Server Management Studio 的"对象资源管理器"，用鼠标右键单击要分离的数据库"学生图书管理系统"，选择"任务"→"分离"，弹出如图 3-10 所示的分离窗口。

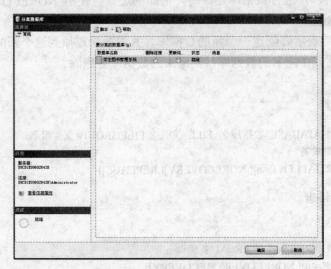

图 3-10 "分离数据库"窗口

2）若要更新现有的优化统计信息，则选中"更新统计信息"复选框，单击"确定"按钮，完成分离。

2. 使用 T-SQL 语句分离数据库

语法格式如下：

    sp_detach_db   'dbname'   [,'skipchecks']

参数说明：

● 'dbname'：指定要分离的数据库名。

● 'skipchecks'：决定是否要在分离之前针对所有的表执行更新统计信息。

【例 3-17】 将"学生图书管理系统"数据库分离出来。

    USE master
    GO
    EXEC sp_detach_db '学生图书管理系统','true'

3. 使用 SQL Server Management Studio 附加数据库

1）打开 SQL Server Management Studio 的"对象资源管理器"，用鼠标右键单击"数据库"节点，选择"附加"命令，弹出如图 3-11 所示的附加数据库窗口。

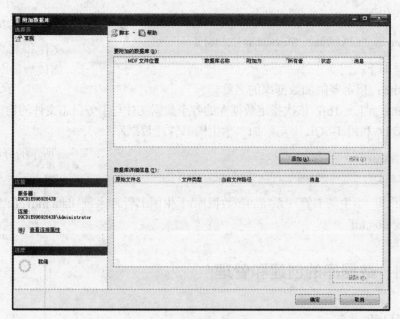

图 3-11 "附加数据库"窗口

2）单击"添加"按钮，出现如图 3-12 所示的定位数据库文件窗口。选中附加数据库的主要数据文件。

图 3-12 "定位数据库文件"窗口

3）单击"确定"按钮，回到附加数据库窗口，为数据库设定名称，可以采用原名，也可以设定新的数据库名称，单击"确定"按钮即可完成附加操作。

4．使用 T-SQL 语句附加数据库

语法格式如下：

```
sp_attach_db  'dbname', 'filename_n' [, ... 16]
```

参数解释如下：

● 'dbname'：指定要附加数据库的名称。
● 'filename_n' [, ... 16]：依次指定数据库的各个数据文件与事务日志文件的物理文件名。

【例 3-18】 利用 T-SQL 语句附加"学生图书管理数据库"。

```
USE master
GO
```

sp_attach_db '学生图书管理系统','E:\数据库\学生图书管理系统_data.mdf','E:\数据库\学生图书管理系统_log.ldf'

3.7　实训　数据库的创建和管理

3.7.1　实训目的

1）掌握系统数据库和用户数据库的相关基本概念。
2）掌握使用 SQL Server Management Studio 创建、修改和删除数据库的方法。
3）掌握使用 T-SQL 语句创建、修改和删除数据库的方法。

3.7.2　实训内容

1）使用 SQL Server Management Studio 创建用户数据库"TEST1"。
主要数据文件：逻辑文件名为 TEST1Data1，物理文件名为 Test1Data1.mdf；初始容量为 10MB，最大容量为 50MB，递增量为 1MB。
次要数据文件：逻辑文件名为 TEST1Data2，物理文件名为 Test1Data2.ndf；初始容量为 10MB，最大容量为 50MB，递增量为 1MB。
事务日志文件：逻辑文件名为 TEST1Log，实际文件名为 Test1Log.ldf；初始容量为 10MB，最大容量为 30MB，递增量为 1MB。
2）使用 SQL Server Management Studio 修改用户数据库"TEST1"。
主要数据文件的容量为 20MB，最大容量为 60MB，递增量为 2MB。
事务日志文件的容量为 20MB，最大容量为 50MB，递增量为 2MB。
3）使用 T-SQL 语句创建未指定文件的数据库"TEST2"。
4）使用 T-SQL 语句创建指定多个文件的数据库"TEST3"。
主要数据文件：逻辑文件名为 TEST3Data1，物理文件名为 Test3Data1.mdf；初始容量为 10MB，最大容量为 50MB，递增量为 1MB。
次要数据文件：逻辑文件名为 TEST3Data2、TEST3Data3，物理文件名为 Test3Data2.ndf、Test3Data3.ndf；初始容量为 10MB，最大容量为 50MB，递增量为 1MB。
事务日志文件：逻辑文件名为 TEST3Log，实际文件名为 Test3Log.ldf；初始容量为

10MB，最大容量为 30MB，递增量为 1MB。

5）使用 T-SQL 语句修改 TEST3。次要数据文件的容量为 20MB，最大容量为 60MB，递增量为 2MB。

6）重命名数据库"TEST3"。

3.8 实训 数据库的备份和恢复

3.8.1 实训目的

1）掌握备份设备的创建方法。

2）掌握数据库的备份和还原方法。

3）掌握数据库的分离和附加方法。

3.8.2 实训内容

使用企业管理器和 T-SQL 语句完成下列操作：

1）创建一个名为"test1bak"的备份设备（文件路径及文件名自定）。

2）把 3.7 中建立的数据库"test1"完全备份到"test1bak"备份设备上，再建立一个差异备份和一个事务日志备份，追加到完全备份的后面。

3）删除数据库"test1"，然后用已建立的备份还原数据库 test1。

4）将已建立的数据库 test1 更名为"学生管理"数据库。

5）对"学生管理"数据库执行分离操作。

6）把分离的"学生管理"数据库附加到当前的数据库服务器中。

3.9 本章知识框架

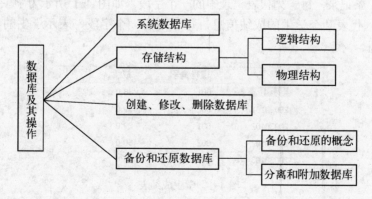

3.10 习题

1. 使用 T-SQL 的_____语句可以修改数据库。

2. 使用 T-SQL 语句删除数据库需要使用_____语句。

3. SQL Server 2005 数据库有哪 3 种类型的文件？

4. SQL Server 2005 系统数据库包括哪几个，分别有什么作用？

5. 简述事务日志的作用。

第4章 表的创建与管理

知识目标

- 掌握表的基础知识和数据类型
- 掌握数据完整性的基本概念
- 掌握约束的基本概念

技能目标

- 能够使用 SQL Server Management Studio 创建、查看、修改和删除表及其约束
- 能够使用 T-SQL 语句创建、查看、修改和删除表及其约束
- 能够使用 SQL Server Management Studio 和 T-SQL 语句创建、绑定、解绑和删除默认值及规则
- 能够熟练应用 Insert、Update、Delete 语句

4.1 表的基础知识

表是用来存储和操作数据的一种逻辑结构，数据在表中是按行和列的组织形式存储的，每行用来保存一条记录，每一列代表记录中的一个字段。如图 4-1 所示为学生成绩表，每一行为一条记录，代表某个学生的成绩信息，每一列为一个字段，表示学生的学号、课程编号、成绩等信息。

学号	课程编号	成绩
20030101	001	88.0
20030101	002	79.0
20030102	001	89.0
20030102	002	60.0
20030103	001	95.0

图 4-1 学生成绩表

4.2 数据类型

4.2.1 系统数据类型

数据类型就是定义每个列所能存放的数据值和存储格式。例如，学生成绩表的课程编号列数据类型为字符型，成绩列的数据类型为整数型等。

在讨论数据类型之前，先介绍在数据类型中经常使用的 3 个术语：精度、小数位数和长度。

精度：指数值型数据可以存储的十进制数字的总位数，包括小数点左侧的整数部分和小数点右侧的小数部分。比如，1234.567 的精度为 7。

小数位数：指数值型数据小数点右边的数字个数。比如，125.985 的精度是 6，小数位数是3。

长度：指存储数据时所占用的字节数。数据类型不同，所占用的字节数就有所不同。

SQL Server 提供了丰富的系统数据类型，以下分别进行简单介绍。

1．整数型

整数类型如表 4-1 所示。

表 4-1 整数类型

数据类型	取值范围	精度	长度
bigint	$-2^{63} \sim 2^{63}-1$	19	8 字节
int	$-2^{31} \sim 2^{31}-1$	10	4 字节
Smallint	$-2^{15} \sim 2^{15}-1$	5	2 字节
tinyint	$0 \sim 255$	3	1 字节

SQL Server 2005 中还有一种数据类型称为 bit，也存放整数。bit 称为位数据类型，它是一种表示逻辑关系的数据类型，取值为 0、1 或 NULL 。当为 bit 型数据赋值时，赋 0，其值为 0；赋非 0 时，其值为 1。

2．带固定精度和小数位数的数值数据型

小数类型如表 4-2 所示。

表 4-2 小数类型

语法形式	取值范围	精度	长度
numeric（p[,s]） 或 decimal（p[,s]） 其中 p 为精度，s 为小数位数。 例如，numeric（8,3）表示精度为 8，即总共有 8 位数，其中有 5 位整数和 3 位小数；若不指定，则默认为 numeric（18,0）	使用最大精度时，有效值为 $-10^{38}+1 \sim 10^{38}-1$。 p（精度）：最多可以存储的十进制数的总位数，包括小数点左边和右边的位数。该精度是从 1 到最大精度 38 之间的值。默认精度为 18 s（小数位数）：小数点右边可以存储的十进制数的最大位数，默认的小数位数为 0；取值为 $0 \leqslant s \leqslant p$	1～9	5 字节
		10～19	9 字节
		20～28	13 字节
		29～38	17 字节

3．货币型数据类型

货币类型如表 4-3 所示。

表 4-3 货币类型

数据类型	取值范围	精度	小数位数	长度
Money	−922 337 203 685 477.580 8～922 337 203 685 477.580 7	19	4	8 字节
Smallmoney	−214 748.3648～214 748.3647	10	4	4 字节

4. 近似浮点数值型

浮点类型如表 4-4 所示。

表 4-4 浮点类型

数 据 类 型	取 值 范 围	长 度
Float	$-1.79 \times 10^{308} \sim 1.79 \times 10^{308}$	8 字节
Real	$-3.40 \times 10^{38} \sim 3.40 \times 10^{38}$	4 字节

5. 日期时间型

日期类型如表 4-5 所示。

表 4-5 日期类型

数 据 类 型	取 值 范 围	精 确 度	长 度
Datetime	1753 年 1 月 1 日~9999 年 12 月 31 日	3.33ms	8 字节
Smalldatetime	1900 年 1 月 1 日~2079 年 6 月 6 日	min	4 字节

输入日期部分时可以采用英文数字格式、数字加分隔符格式或纯数字格式。采用英文数字格式时，月份可用英文全名或缩写形式，不分大小写。例如，2009 年 8 月 16 日这个日期就可以有下列几种输入格式：

```
Aug 16 2009              //英文数字格式
2009-8-16                //数字加分隔符格式
20090816                 //纯数字形式
```

输入时间部分时可以使用 12 小时格式或 24 小时格式。使用 12 小时格式时加上 AM 或 PM 说明上午还是下午。在秒与毫秒之间用半角冒号（:）作为分隔符。例如，要表示 2009 年 8 月 16 日下午 2 点 30 分 45 秒 20 毫秒，可用以下两种形式来输入：

```
2009-8-16 2：30：45：20 PM      //12 小时格式
2009-8-16 14：30：45：20        //24 小时格式
```

6. 字符型

字符类型如表 4-6 所示。

表 4-6 字符类型

数据类型	取 值 范 围
Char（n）	固定长度，长度 n 为字节。1≤n≤8000。存储大小 n 是字节，输入长度大于 n，出错
Varchar（n）	可变长度，1≤n≤8000。最大存储大小是 $2^{31}-1$ 字节。存储大小是输入数据的实际长度加 2 字节。所输入数据的长度可以为 0 个字符
text	长度可变，最大长度为 $2^{31}-1$（2 147 483 647）个字符

一个中文文字占用 2 字节，因此要想存放 3 个汉字，则长度应取 6 字节。

7. Unicode 字符型

Unicode 类型如表 4-7 所示。

每个 Unicode 字符占用两个字符的存储空间。使用 Unicode 数据类型时，由于用 2 字节来存放 1 个字符，因此不管是一个英文字符还是一个汉字都将占用 2 字节。当采用 nchar

（3）（或 nvarchar（3））时，可存放"abc"、"交学院"、"AB 型" 等，它们的长度均为 6 字节（字符数的 2 倍）。

表 4-7　Unicode 类型

数据类型	取 值 范 围
nchar（n）	固定长度，长度为 n 字节。1≤n≤4000。存储大小是 $2n$ 字节
nvarchar（n）	可变长度，1≤n≤4000。Max 指示最大存储大小是 $2^{31}-1$ 字节。存储大小是输入数据的实际长度的两倍加 2 字节。所输入数据的长度可以为 0 个字符
ntext	长度可变，最大长度为 $2^{30}-1$（1 073 741 823）个字符

8．二进制数据

二进制类型如表 4-8 所示。

表 4-8　二进制类型

数据类型	取 值 范 围	长　　度
Binary	长度为 n 字节的固定长度二进制数据，其中 n 是 1～8000 的值	（$n+4$）字节
Varbinary	可变长度二进制数据。n 可以取 1～8000 的值	所输入数据的实际长度+4 字节
Image	长度可变的二进制数据，0～$2^{31}-1$（2 147 483 647）字节	

9．其他数据类型

SQL Server 2005 还包括 cursor、timestamp、sql_variant、uniqueidentifier、table 及 xml 等数据类型。

- cursor：变量或存储过程 OUTPUT 参数的一种数据类型，这些参数包含对游标的引用。注意，对于 CREATE TABLE 语句中的列，不能使用 cursor 数据类型。
- timestamp：公开数据库中自动生成的唯一二进制数的数据类型。timestamp 通常用做给表行加版本戳的机制。每个数据库都有一个计数器，当对数据库中包含 timestamp 列的表执行插入或更新操作时，该计数器值就会增加。该计数器是数据库时间戳。这可以跟踪数据库内的相对时间，而不是时钟相关联的实际时间。一个表只能有一个 timestamp 列。
- sql_variant：用于存储 SQL Server 2005 支持的各种数据类型（不包括 text、ntext、image、timestamp 和 sql_variant）的值。例如，定义为 sql_variant 的列可以存储 int、binary 和 char 值。
- uniqueidentifier：可存储 16 字节的二进制值，其作用与全局唯一标识符（GUID）一样。GUID 是唯一的二进制数，世界上的任何两台计算机都不会生成重复的 GUID 值。GUID 主要用于在拥有多个结点、多台计算机的网络中，分配必须具有唯一性的标识符。
- table：一种特殊的数据类型，用于存储结果集以进行后续处理。主要用于临时存储一组行，这些行是作为表值函数的结果集返回的。
- xml：使用用户能够在 SQL Server 数据库中存储 XML 文档和片段。

4.2.2　用户自定义数据类型

用户自定义数据类型是在 SQL Server 系统数据类型基础上创建的，它并不是真正的数据类型，只是提供了一种加强数据库内部元素和基本数据类型之间一致性的机制。创建自定义数据类型时应提供名称、新数据类型所依据的系统数据类型、为空性（数据类型是否允许空值）等参数。

1. 使用 SQL Server Management Studio 创建用户自定义数据类型

1）在 SQL Server Management Studio 的"对象资源管理器"中，找到"学生图书管理系统"→"可编程性"→"类型"，用鼠标右键单击类型，选择"新建用户定义数据类型"命令，打开如图 4-2 所示的窗口。

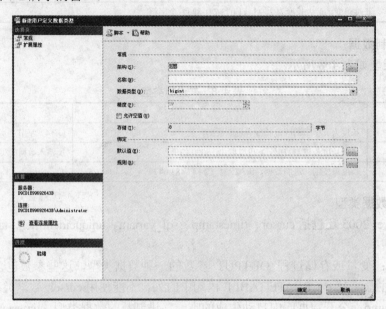

图 4-2 "新建用户定义数据类型"窗口

2）在"新建用户定义数据类型"窗口中，输入用户数据类型的名称"编号"，在"数据类型"下拉框中选择基于的系统数据类型 int；若是 decimal 或 numeric 类型，需要设置其精度；选中"允许空值"复选框，则用户数据类型可以为空，不选，则不能为空。单击"确定"按钮，完成创建。

2. 使用 T-SQL 语句创建用户自定义数据类型

可以使用系统存储过程 sp_addtype 来创建用户自定义数据类型。语法格式如下：

    sp_addtype type_name[,system_type]{ 'NULL'|'NOT NULL'|'NONULL'}-默认为'NULL'

参数说明：

- type_name 为用户定义数据类型名，这个名称在数据库中必须是唯一的。
- system_type 为用户定义的数据类型所基于的系统数据类型，可以包括数据的长度、精度等。当系统数据类型中包括标点符号（例如括号、逗号）时，应用引号括起来。
- NULL | NOT NULL：指定此类型是否允许空值。若未指定，则默认值为 NULL。

【例 4-1】 使用 T-SQL 语句，在"学生图书管理系统"中创建一个用户定义数据类型"号码"，要求类型为 varchar（8），不允许为空。

创建代码如下：

```
USE 学生图书管理系统
EXEC sp_addtype 号码,'varchar（8）','not null'
```

4.3 创建表

设计完数据库后就可以创建数据库中用于存储数据的表，表存储于数据库文件中，任何拥有所需权限的用户都可以对其进行操作，除非已将所要操作的表删除。

4.3.1 使用 SQL Server Management Studio 创建表

1）打开 SQL Server Management Studio 的"对象资源管理器"，找到"数据库"→"学生图书管理系统"→"表"节点，用鼠标右键单击，选择"新建表"命令，打开如图 4-3 所示的新建表窗口。

2）在"列名"栏中输入字段名称。每个表至多可定义 1024 个字段。字段的命名要遵守标识符的规定，在同一表中字段名必须是唯一的，但不同表可使用相同的字段名。

3）在"数据类型"栏中选择一种数据类型，数据类型是一个下拉列表框。对于字符型数据（包括 Unicode 字符型数据），如果需要修改

图 4-3　新建表窗口

数据类型的长度，比如 char 类型，默认为 char（10），如果想修改为 char（8），则可直接在数据类型框进行修改或在"列属性"框中，修改数据类型的长度即可。对于 decimal 或 numeric 数据类型的字段，则在"精度"和"小数位数"栏中各输入一个数字，用以指定该字段的精度和小数位数，此精度值决定了该类型数据存储时所占用的长度。

4）在"允许空"栏指定是否可以为空（NULL），打勾说明允许为空，空白说明不允许为空，默认状态下是允许为空。用户可以通过单击鼠标或按空格键来进行设置。

NULL 值不等于数值 0，也不等于字符空白或长度为零的字符串。所谓字段能否允许 NULL 值，是指该字段中的数据是否可以是未知的。如果字段允许 NULL，则代表该字段中的数据可以是未知的；如果字段不允许为 NULL，则代表该字段中的数据不可以是未知的，那么在插入或输入记录时不给此字段输入数据，保存时就会出现错误信息，而且拒绝接收数据。

5）设置字段的默认值。默认值其实就是一个常量。打开要修改的表，选择要指定默认值的列，在"列属性"选项卡中的"常规"项下的"默认值或绑定"属性中输入默认值。如果字段设置了默认值，则在插入记录时，如果未指定该字段的值，则默认值将成为该字段的内容。例如：对于"图书信息"表的"是否借出"字段，类型为 bit 型（其值为 0 时，表示未借出，为 1 则表示已借出），若设置其默认值为 0，则将光标定位在"是否借出"字段行上，在下面的属性框的"默认值或绑定"栏中输入 0 即可。插入记录时，用户可以不输入"是否借出"字段信息，保存时这些记录的值都将为 0。

6）设置标识列。当向表中添加新记录并希望某列自动生成存储于列中的序列号时，则应设置该列的标识属性。具有标识属性的列包含系统生成的连续值，它唯一地标识表中的每一行。每个表只能设置一个列的标识属性。只能为数据类型为 decimal、numeric、bigint、int、smallint、tinyint 的列设置标识属性，并且该列不允许空。比如新建一个表，其中有一个字段名为"编号"（其他字段自定），数据类型为 decimal，"精度"栏输入 5，"小数位数"栏输入 0，不允许为空。在列属性中，点开"标识规范"前的"+"号，在"是标识"栏选"是"，"标识种子"栏输入 100000，"标识增量"栏输入 1。则输入记录时，此列不允许手工输入，而自动在第 1 条记录填入 100000，第 2 条记录填入 100001，第 3 条记录填入 100002，依此类推。

7）设置主键。选中要作为主键的列，单击工具栏上的"设置主键"按钮（注意：此按钮显示的是一个钥匙图标，当光标在此按钮上停留时，它的提示信息为"设置主键"），主键列的前方将显示钥匙标记。设置主键，是为了保证每条记录的唯一性。如果要求表中的一个字段（或多个字段的组合）具有不重复的值，并且不允许为 NULL，则应将这个字段（或字段组合）设置为表的主键。

8）单击工具栏中的按钮 🖫，打开"选择名称"对话框，输入表名称"图书信息"，单击"确定"按钮，如图 4-4 所示。整个"图书信息"表如图 4-5 所示。

图 4-4 "选择名称"对话框　　　　　　　图 4-5 图书信息表

9）依次建立"学生信息"表和"租借信息"表，如图 4-6 和图 4-7 所示。

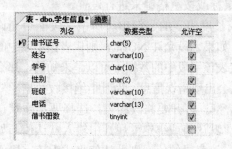

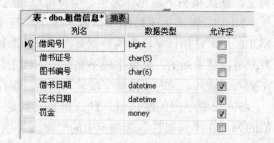

图 4-6 学生信息表　　　　　　　　图 4-7 租借信息表

4.3.2 使用 T-SQL 语句创建表

语法格式如下：

```
CREATE TABLE   表名
（ 列名   列属性   列约束）  [, ...]
```

其中，列属性的格式为

数据类型[（长度）] [NULL | NOT NULL] [IDENTITY（初始值，增量）]

参数说明：

- 数据类型[（长度）]：SQL Server 系统给出的任一数据类型或用户自定义的数据类型。
- [NULL | NOT NULL]：允许取空值或不允许取空值。
- [IDENTITY（初始值，增量）]：定义为标识列，标识列的初始大小，增量大小。

【例 4-2】 在"学生图书管理系统"中创建表"练习 1"，包含字段"学号 decimal（3,0）not null"、"姓名 varchar（6）"、"班级 char（10）"，其中"学号"具有自动编号功能，从 100 开始编号，增量为 1，"学号"字段是主键。

创建表代码如下：

```
USE  学生图书管理系统
CREATE TABLE  练习 1
（学号 decimal（3,0）  not NULL identity（100,1）  primary key,
姓名 varchar（6）,
班级 char（10）
）
```

4.4 数据完整性基本概念

数据库的数据完整性表明数据库的存在状态是否合理，是通过数据库内容的完整性约束来实现的，数据库完整性用于保证数据库中数据的正确性、一致性和可靠性。强制数据完整性可以确保数据库中的数据质量。数据完整性包括实体完整性、域完整性、引用完整性和用户定义的完整性。

1．实体完整性

实体完整性用于保证数据库中数据表的每一个特定实体都是唯一的。它可以通过主键约束（PRIMARY KEY）、唯一键约束（UNIQUE）、索引或标识属性（IDENTITY）来实现。

2．域完整性

域完整性就是保证数据库中的数据取值的合理性，即保证指定列的数据具有正确的数据类型、格式和有效的数据范围。通过为表的列定义数据类型以及检查约束（CHECK）、默认定义（DEFAULT）、非空（NOT NULL）和规则实现限制数据范围，保证只有在有效范围内的值才能存储到列中。

3．引用完整性

引用完整性定义了一个关系数据库中，不同的表中列之间的关系（主键与外键）。在 SQL Server 2005 中，引用完整性通过 FOREIGN KEY 约束和 CHECK 约束，以外键与主键之间或外键与唯一键之间的关系为基础，引用完整性确保键值在所有表中一致。这类一致性要求不引用不存在的值，如果一个键值发生更改，则整个数据库中，对该键值的所有引用都要进行一致地更改。

4．用户定义的完整性

用户定义的完整性，即用户可以根据自己的业务规则定义不属于任何完整性分类的完整性。由于每个用户的数据库都有自己独特的业务规则，所以系统必须有一种方式来实现定制的业务规则，即定制的数据完整性约束。用户定义的完整性可以通过自定义数据类型、规则、存储过程和触发器来实现。

4.5 约束

通过约束能够定义 SQL Server 2005 数据库引擎自动强制实施数据库完整性的方式。约束定义关于列中允许值的规则，是强制实施完整性的标准机制。约束分为列约束及表约束。列约束指定为列定义的一部分，并且只应用于该列。表约束的声明与列定义无关，可以应用于表中多个列。当一个约束中必须包含多个列时，必须使用表约束。定义约束可以在创建表时定义，也可以在已有表中通过修改表增加约束。

4.5.1 主键约束

主键约束定义了表的主键，指定表的一列或几列组合的值在表中具有唯一性，即能唯一地指定一行记录，它能够强制实体完整性。每个表中只能定义一个主键约束。当向表中的现有列添加 PRIMARY KEY 约束时，SQL Server 将检查列中现有的数据以确保现有数据遵从主键的规则，即无空值、无重复值。

当 PRIMARY KEY 约束由另一表的 FOREIGN KEY 约束引用时，不能删除被引用的 PRIMARY KEY 约束，要删除它，必须先删除引用的 FOREIGN KEY 约束。

1．使用 SQL Server Management Studio 创建主键

1）打开 SQL Server Management Studio 的"对象资源管理器"，找到"学生图书管理系统"→"图书信息表"，用鼠标右键单击，选择"修改"命令，打开表设计窗口。

2）选定指定列，在列名的左部出现三角符号，如果设置的主键为多个，则按住〈Ctrl〉键再单击相应的列，如果列是连续的，也可以按住〈Shift〉键，单击工具栏上的"设置主键"按钮或在选中的列上用鼠标右键单击，在弹出的快捷菜单中选择"设置主键"，这时，选定的列的左边显示出一个钥匙符号，表示主键。如图 4-8 所示，将"图书编号"列设置为主键。

3）取消主键和设置主键的方法相同，选择"移除主键"即可。

图 4-8　设置主键

2．使用 T-SQL 语句创建主键

语法格式 1：

CREATE TABLE 数据表名
（列名 数据类型 [CONSTRAINT 约束名] PRIMARY KEY [CLUSTERED | NONCLUSTERED][,…]）

语法格式 2：

CREATE TABLE 数据表名
（ [CONSTRAINT 约束名] PRIMARY KEY [CLUSTERED | NONCLUSTERED]（列名 1[,…n]）
[,…]）

参数说明：

语法格式 1 定义单列主键，语法格式 2 定义多列组合主键，CLUSTERED 和 NONCL-USTERED 分别表示聚集索引和非聚集索引。

【例 4-3】 在"学生图书管理系统"中创建表"练习 2"，包含字段"学号"、"姓名"、"班级"，其中学号和姓名字段组合为主键。

创建代码如下：

```
USE 学生图书管理系统
CREATE TABLE 练习 2
（
学号  decimal（4,0）  not null,
姓名  varchar（6）  not null,
班级  char（10），
constraint pkey2 primary key（学号,姓名）
）
```

3．使用 T-SQL 语句修改主键

```
ALTER TABLE 表名
ADD [CONSTRAINT 约束名] PRIMARY KEY（列名 1[,…n]）[,…]）
```

参数说明：ALTER TABLE 是修改表语句。

【例 4-4】 创建一个表"练习 3"未设置主键，创建完成后向"练习 3"添加主键。

创建代码：

```
USE 学生图书管理系统
CREATE TABLE 练习 3
（
学号  decimal（4,0）  not null,
姓名  varchar（6）  not null,
班级  char（10），
）
将"学号"字段添加为主键：
USE 学生图书管理系统
ALTER TABLE 练习 3
ADD CONSTRAINT pkey3 PRIMARY KEY（学号）
```

4．使用 T-SQL 语句删除主键

语法格式如下：

```
ALTER TABLE 表名
DROP CONSTRAINT 约束名
```

【例 4-5】 删除【例 4-4】中添加的主键约束 pkey3。

代码如下：

```
USE 学生图书管理系统
ALTER TABLE 练习 3
DROP CONSTRAINT pkey3
```

4.5.2 唯一性约束

使用 UNIQUE 约束能够确保在非主键列中不输入重复的值。虽然主键约束及 UNIQUE 约束均强制唯一性，但在以下强制唯一性时应使用 UNIQUE 约束。

1）非主键的一列或多列组合。

一个表允许建立多个 UNIQUE 约束，而只能建立一个主键约束。

2）允许空值的列。

UNIQUE 约束允许 NULL 值，这一点与主键约束不同。不过，当和参与 UNIQUE 约束的任何值一起使用时，每列只允许一个空值。

1. 使用 SQL Server Management Studio 创建唯一性约束

1）打开 SQL Server Management Studio 的"对象资源管理器"，找到"学生图书管理系统"→"图书信息表"，用鼠标右键单击，选择"修改"命令，打开表设计窗口。

2）选择要设置唯一性约束的列"图书名称"，用鼠标右键单击，在快捷菜单中选择"索引/键"，出现属性窗口。单击"添加"按钮，结果如图 4-9 所示。

3）类型设置为"唯一"，在常规选项中选择列的名字，单击"…"按钮，"索引列"窗口如图 4-10 所示。单击"确定"按钮，返回"索引/键"窗口，单击"关闭"按钮即可。

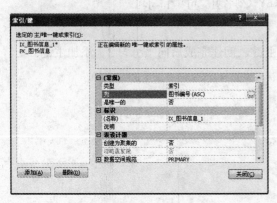
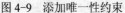

图 4-9　添加唯一性约束

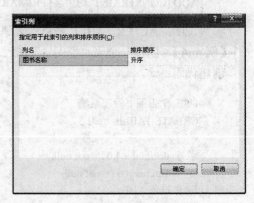

图 4-10　选择列名

4）在如图 4-9 所示"索引/键"窗口中，选中已经添加的"主/唯一键或索引"可以进行删除或修改。

2. 使用 T-SQL 语句创建唯一性约束

语法格式 1：

```
CREATE TABLE 数据表名
（列名 数据类型 [CONSTRAINT 约束名] UNIQUE [CLUSTERED | NONCLUSTERD][,…]）
```

语法格式 2：

CREATE TABLE 数据表名

（[CONSTRAINT 约束名] UNIQUE [CLUSTERED | NONCLUSTERD] （列名 1[,…n]） [,…]）

参数说明：语法格式 1 定义单列唯一约束，语法格式 2 定义多列组合唯一约束。

【例 4-6】 创建表"练习 4"，在"姓名"字段设置唯一性约束。

```
USE 学生图书管理系统
CREATE TABLE 练习 4
（
学号  decimal（4,0）  not null,
姓名  varchar（6）  unique not null,
班级  char（10），
constraint pkey4 primary key（学号,姓名）
）
```

3．使用 T-SQL 语句修改唯一性约束

```
ALTER TABLE 表名
ADD [CONSTRAINT 约束名] UNIQUE （列名 1[,…n]） [,…]）
```

【例 4-7】 创建一个表"练习 5"，创建完成后向"练习 5"添加唯一性约束。
创建代码：

```
USE 学生图书管理系统
CREATE TABLE 练习 5
（
学号  decimal（4,0）  not null primary key,
姓名  varchar（6）  not null,
班级  char（10）
）
```

给"姓名"字段添加唯一性约束：

```
USE 学生图书管理系统
ALTER TABLE 练习 5
ADD CONSTRAINT Unique5 UNIQUE（姓名）
```

4．使用 T-SQL 语句删除唯一性约束
语法格式如下：

```
ALTER TABLE 表名
DROP CONSTRAINT 约束名
```

【例 4-8】 删除【例 4-7】中添加的唯一性约束 Unique5。
代码如下：

```
USE 学生图书管理系统
ALTER TABLE 练习 5
DROP CONSTRAINT Unique5
```

4.5.3 检查约束

CHECK 约束是限制用户输入某一列的数据取值，即该列只能输入一定范围的数据，强制域的完整性。CHECK 约束可以在创建表时定义，也可以添加到现有表中。表和列可以包含多个 CHECK 约束。允许修改或删除现有的 CHECK 约束。

在现有表中添加 CHECK 约束时，该约束可以仅作用于新数据，也可以同时作用于已有的数据。默认设置为 CHECK 约束同时作用于已有数据和新数据。当希望现有数据维持不变，则使用约束仅作用于新数据选项。

1. 使用 SQL Server Management Studio 创建检查约束

1）打开 SQL Server Management Studio 的"对象资源管理器"，找到"学生图书管理系统"→"图书信息表"，用鼠标右键单击，选择"修改"命令，打开表设计窗口。

2）选中要设置检查约束的字段"定价"，用鼠标右键单击，在快捷菜单中选择"CHECK约束"命令，弹出"CHECK 约束"窗口，单击"添加"按钮，结果如图 4-11 所示。

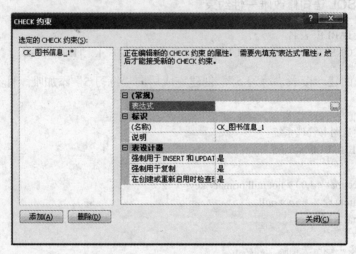

图 4-11 "CHECK 约束"窗口

3）单击"表达式"右侧的"…"按钮，弹出"CHECK 约束表达式"窗口，输入表达式，如图 4-12 所示。单击"确定"按钮，返回"CHECK 约束"窗口，关闭即可。

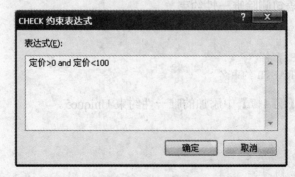

图 4-12 "CHECK 约束表达式"窗口

2. 使用 T-SQL 语句创建检查约束

语法格式：

CREATE TABLE 数据表名
（列名 数据类型 [CONSTRAINT 约束名] CHECK （逻辑表达式） [,...]）

【例 4-9】 创建表"练习 6"，在"成绩"字段设置检查约束。

```
USE 学生图书管理系统
CREATE TABLE 练习 6
（
学号 decimal（4,0） not null primary key,
姓名 varchar（6） not null,
班级 char（10），
成绩 int CONSTRAINT check6 CHECK （成绩>=0 and 成绩<=100）
）
```

3. 使用 T-SQL 语句修改检查约束

```
ALTER TABLE 表名
ADD [CONSTRAINT 约束名] CHECK （逻辑表达式） [,...]）
```

【例 4-10】 创建一个表"练习 7"，创建完成后向"练习 7"添加检查约束。
创建代码：

```
USE 学生图书管理系统
CREATE TABLE 练习 7
（
学号 decimal（4,0） not null primary key,
姓名 varchar（6） not null,
班级 char（10），
成绩 int
）
```

给"成绩"字段添加检查约束：

```
USE 学生图书管理系统
ALTER TABLE 练习 7
ADD CONSTRAINT Check7 CHECK （成绩>=0 and 成绩<=100）
```

4. 使用 T-SQL 语句删除检查约束

语法格式如下：

```
ALTER TABLE 表名
DROP CONSTRAINT 约束名
```

【例 4-11】 删除【例 4-10】中添加的检查约束 Check7。
代码如下：

```
USE 学生图书管理系统
ALTER TABLE 练习 7
```

DROP CONSTRAINT Check7

4.5.4 默认值约束

默认值约束是指在用户未提供某些列的数据时，数据库系统为用户提供的默认值，从而简化应用程序代码和提高系统性能。

表的每一列都可以包含一个默认值定义，可以修改或删除现有的默认值，但必须先删除已有的默认值，然后再定义。

1. 使用 SQL Server Management Studio 创建默认值约束

1）打开 SQL Server Management Studio 的"对象资源管理器"，找到"学生图书管理系统"→"图书信息表"，用鼠标右键单击，选择"修改"命令，打开表设计窗口。

2）选中要设置默认值约束的字段"入馆时间"，在"列属性"窗口的"默认值或绑定"窗口输入"2009-08-02"后保存即可。

2. 使用 T-SQL 语句创建默认值约束

语法格式 1：

```
CREATE TABLE 表名
（列名 数据类型 [CONSTRAINT 约束名] DEFAULT 默认值 [,...]）
```

语法格式 2：

```
CREATE TABLE 表名
（[CONSTRAINT 约束名] DEFAULT 默认值 FOR 列 [,...]）
```

【例 4-12】 创建表"练习 8"，在"班级"字段设置默认值约束。

```
USE 学生图书管理系统
CREATE TABLE 练习 8
(
学号 decimal（4,0） not null primary key,
姓名 varchar（6） not null,
班级 char（10） CONSTRAINT Def8 DEFAULT '软件 1 班',
成绩 int
)
```

3. 使用 T-SQL 语句修改默认值约束

想要修改已经创建的默认值约束，必须先将其删除，然后再重新定义。

删除语法格式如下：

```
ALTER TABLE 表名
DROP CONSTRAINT 约束名
```

修改语法如下：

```
ALTER TABLE 表名
ADD [CONSTRAINT 约束名] 默认值 FOR 列 [,...]）
```

【例 4-13】 修改练习 8 中班级的默认值。

USE 学生图书管理系统
ALTER TABLE 练习 8
DROP CONSTRAINT Def8
ALTER TABLE 练习 8
ADD CONSTRAINT Def8 DEFAULT '软件 2 班' for 班级

4.5.5 外键约束

外键约束是为了强制实现表之间的引用完整性，外键可由一个或多个列构成，用来实现表与表之间的数据联系，它们的值与另一个表中的主键或唯一键对应。一个表可以同时包含多个外键约束。外键约束不允许为空值，但是，如果组合外键的某列含有空值，则将跳过该外键约束的检验。

1．使用 SQL Server Management Studio 创建外键约束

1）打开 SQL Server Management Studio 的"对象资源管理器"，找到"学生图书管理系统"→"租借信息表"，用鼠标右键单击，选择"修改"命令，打开表设计窗口。

2）在任意位置用鼠标右键单击，在快捷菜单中选择"关系"命令，弹出"外键关系"窗口，单击"添加"按钮，点开"表和列规范"前面的"+"，结果如图 4-13 所示。

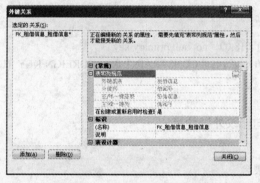

图 4-13 "外键关系"窗口

3）单击"表和列规范"右侧的"…"按钮，弹出"表和列"窗口，在"主键表"下拉框中选择"图书信息"→"图书编号"列，在外键表中也选择"图书编号"列，结果如图 4-14 所示。单击"确定"按钮，返回"外键关系窗口"，关闭即可。

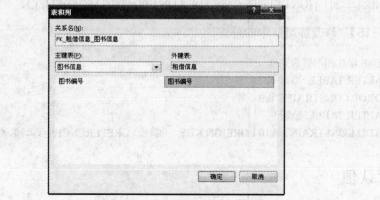

图 4-14 "表和列"窗口

2. 使用 T-SQL 语句创建外键约束

语法格式 1:

```
CREATE TABLE 表名
（列名 数据类型 [CONSTRAINT 约束名] [FOREIGN KEY] REFERENCES 引用主键表[（引用
列）] [ON DELETE CASCADE | ON UPDATE CASCADE] [,…]）
```

语法格式 2:

```
CREATE TABLE 表名
（[CONSTRAINT 约束名] [FOREIGN KEY] [（列 [,…n] ） ] REFERENCES 引用主键表[（引用
列[,…n]） ] [ON DELETE CASCADE | ON UPDATE CASCADE] [,…]）
```

参数说明: 语法格式 1 定义单列外键约束, 语法格式 2 定义多列组合外键约束。ON DELETE CASCADE 表示级联删除, ON UPDATE CASCADE 表示级联更新, 也称为级联引用完整性约束。级联引用完整性约束是为了保证外键数据的关联性。当删除外键引用的主键记录时, 为了防止孤立外键的产生, 同时删除引用它的外键记录。

【例 4-14】 创建表 "练习 9", 在 "学号" 字段设置外键约束。

```
USE 学生图书管理系统
CREATE TABLE 练习 9
（
身份证号 decimal（18,0） not null primary key,
学号 decimal（4,0） not null CONSTRAINT fk9 FOREIGN KEY REFERENCES 练习 8（学号）,
专业 char（10）
）
```

3. 使用 T-SQL 语句修改外键约束

删除语法格式如下:

```
ALTER TABLE 表名
DROP CONSTRAINT 约束名
```

修改语法如下:

```
ALTER TABLE 表名
ADD [CONSTRAINT 约束名] [FOREIGN KEY] [（列 [, …n] ） ] REFERENCES 引用主键表
[（引用列[, …n]） ] [ON DELETE CASCADE | ON UPDATE CASCADE] [,…]）
```

【例 4-15】 修改练习 9 中的外键约束。

```
USE 学生图书管理系统
ALTER TABLE 练习 9
DROP CONSTRAINT fk9
ALTER TABLE 练习 9
ADD CONSTRAINT fk10 FOREIGN KEY （学号） REFERENCES 练习 8（学号）
```

4.6 默认值

记录中的每列均应有值, 即使该值为 NULL。可能会有这种情况: 必须向表中加载一行

数据，但不知道某一列的值，或该值尚不存在。若列允许空值，就能够为行加载空值。由于可能不希望列的值为 NULL，则应为列设置 DEFAULT 定义。

默认值是一种数据库对象，可以被绑定到一个或多个列上，还可以绑定到用户自定义类型上。当某个默认值创建后，可以反复使用。当向表中插入数据时，如果绑定有默认的列或者数据类型没有明确提供值，那么就将以默认指定的数据插入。定义的默认值必须与所绑定列的数据类型一致，不能违背列的相关规则。

4.6.1 创建默认值

使用 T-SQL 语句创建默认值的语法格式如下：

```
CREATE DEFAULT  默认值名称  AS  常量表达式
```

【例 4-16】 创建默认值"邮编"和"时间"。

代码如下：

```
CREATE DEFAULT  编号默认  as '450052'
GO
CREATE DEFAULT  时间  as getdate（）
```

4.6.2 绑定和解绑默认值

一个建好的默认值，只有绑定到表的列上或用户自定义数据类型上后才起作用，如果不再需要该默认值，则要将该默认值从相应的列或自定义数据类型上解绑。利用命令的方式来绑定默认值和解除绑定。

其语法格式如下：

```
[EXECUTE] sp_bindefault    '默认值名称' , '表名.字段名' | '用户自定义数据类型'
[EXECUTE] sp_unbindefault    '表名.字段名' | '用户自定义数据类型'
```

【例 4-17】 创建一个用户自定义数据类型"编号"，将默认值"编号默认"绑定到"编号"上，创建表"学生基本信息"，"邮编"列采用"编号"数据类型，再将默认值"时间"绑定到列"入学时间"上。

```
USE  学生图书管理系统
EXEC sp_addtype  编号,'char（6）','not null'
GO
EXECUTE sp_bindefault    编号默认,编号
GO
CREATE TABLE  学生基本信息
(
身份证号  decimal（18,0）  not null primary key,
姓名  varchar（20）,
入学时间  datetime,
所在城市  varchar（8）,
邮编  编号
```

```
)
GO
EXECUTE sp_bindefault    时间,'学生基本信息.入学时间'
```

表创建成功后，向表中输入数据，结果可显示，"入学时间"列和"邮编"列均采用了默认值。

【例4-18】 解除【例4-17】中的默认值绑定。

```
USE  学生图书管理系统
EXECUTE sp_unbindefault    编号
GO
EXECUTE sp_unbindefault    '学生基本信息.入学时间'
```

4.6.3　删除默认值

用 DROP DEFAULT 语句删除默认值对象。在删除一个默认值之前，应首先将它从所绑定的列或自定义数据类型上解绑，否则系统会报错。

语法格式如下：

```
DROP DEFAULT  默认值名称  [,...]
```

【例4-19】 删除默认值"时间"、"编号默认"。

```
USE  学生图书管理系统
DROP DEFAULT  时间,编号默认
```

4.7　规则

规则是保证域完整性的主要手段，用于执行一些与 CHECK 约束相同的功能。规则是一种数据库对象，可以绑定到一列或多个列上，还可以绑定到用户自定义数据类型上，规则定义之后可以反复使用。列或用户自定义数据类型只能有一个绑定的规则。但是，列可以同时具有一个规则和多个CHECK 约束。

4.7.1　创建规则

使用 CREATE RULE 创建规则，语法格式如下：

```
CREATE RULE  规则名  AS  条件表达式
```

参数说明：条件表达式是用于定义规则的条件。条件表达式包括一个变量，每个局部变量的前面都有一个@符号。规则可以是 WHERE 子句中任何有效的表达式，可以包括算术运算符、关系运算符和谓词（如 IN、LIKE、BETWEEN）等元素。规则不能引用列或其他数据库对象，可以包括不引用数据库对象的内置函数。

【例4-20】 创建两个规则"总学分规则"和"成绩规则"。

代码如下：

```
USE  学生图书管理系统
GO
CREATE RULE  总学分规则 as @var>=0 and @var<=198
GO
CREATE RULE  成绩规则 as @var>=0 and @var<=100
```

4.7.2　绑定和解绑规则

规则创建后，可以使用系统存储过程"sp_bindrule"将规则绑定到列或用户自定义数据类型上，使用"sp_unbindrule"解除绑定，语法格式如下：

［EXECUTE］sp_bindrule 规则名称，表名.字段名 | 自定义数据类型
［EXECUTE］sp_unbindrule '表名.字段名'|'用户自定义数据类型'

若要获得关于规则的报告，可以使用 sp_help。若要显示规则的文本，应以规则名称作为参数来执行 sp_helptext。若要重命名规则，可以使用 sp_rename。

【例 4-21】　创建一个用户自定义数据类型"平均数"，将规则"成绩规则"绑定到"平均数"上，然后创建一个表"学生成绩信息"，列"平均成绩"的数据类型为"平均数"，最后将规则"总学分规则"绑定到列"总学分"上，结果显示，往表中输入数据时，"总学分"和"平均成绩"列不能违反以上绑定的规则。

```
USE  学生图书管理系统
GO
EXEC sp_addtype  平均数,'decimal（3,1）','not null'
GO
EXEC sp_bindrule  成绩规则,平均数
GO
CREATE TABLE  学生成绩信息
(
学号  decimal（4,0）  not null primary key,
总学分  int,
平均成绩  平均数
)
GO
EXEC sp_bindrule  总学分规则,'学生成绩信息.总学分'
```

【例 4-22】　解除【例 4-21】中绑定的规则。
代码如下：

```
USE  学生图书管理系统
EXEC sp_unbindrule '学生成绩信息.总学分'
GO
EXEC sp_unbindrule  平均数
```

4.7.3　删除规则

用 DROP RULE 语句删除规则对象。在删除一个规则之前，应首先将它从所绑定的列或

自定义数据类型上解绑，否则系统会报错。

语法格式为：DROP RULE 规则名称 [,...]

【例 4-23】 删除规则"成绩规则"和"总学分规则"。

代码如下：

```
USE 学生图书管理系统
DROP RULE 总学分规则,成绩规则
```

4.8 修改表

创建表之后，有时需要对表结构进行修改，如增加、修改或删除列，列的名称、长度、数据类型、精度、小数位数等均可进行修改。

4.8.1 使用 SQL Server Management Studio 修改表

打开 SQL Server Management Studio 的"对象资源管理器"，找到想要修改的表，比如"学生图书管理系统"→"图书信息表"，用鼠标右键单击，选择"修改"命令，打开表设计窗口。在"表设计窗口"中对表的信息进行修改后，单击"保存"即可。

4.8.2 使用 T-SQL 语句修改表

语法格式如下：

```
ALTER TABLE 表名
ALTER COLUMN 列名 新的数据类型
| ADD 列名 数据类型
| DROP COLUMN 列名
```

参数说明：

● ALTER COLUMN：指定要修改的列。

● ADD：表明要向表中添加一列。

● DROP COLUMN：表示要删除表中的一列。

● 使用 ALTER TABLE 修改表结构时，一次只能完成一项修改。

【例 4-24】 给【例 4-21】创建的"学生成绩信息"表增加两列"姓名"、"总成绩"，将"总学分"列的数据类型修改为"decimal（3,1）"，删除"平均成绩"列。

代码如下：

```
USE 学生图书管理系统
ALTER TABLE 学生成绩信息
ADD 姓名 varchar（12）
GO
ALTER TABLE 学生成绩信息
ADD 总成绩 int
GO
```

```
ALTER TABLE  学生成绩信息
ALTER COLUMN  总学分  decimal（4,1）
GO
ALTER TABLE  学生成绩信息
DROP COLUMN  平均成绩
```

4.8.3　使用 SQLCMD 工具修改表

1）在 Windows 桌面选择"开始"→"所有程序"→"附件"→"命令提示符"命令，或选择"开始"→"运行"命令输入"CMD"，单击"确定"按钮，打开命令提示符窗口。

2）输入"sqlcmd - s　JSJ"，并按〈Enter〉键执行，打开 SQL Server 的命令行工具，并连接到数据库服务器 JSJ。

3）输入表修改语句，执行结果如图 4-15 所示。

```
ALTER TABLE  学生图书管理系统.dbo.学生成绩信息
ADD  平均分  decimal（3,1）  CHECK  （平均分>=0 and  平均分<=100）
```

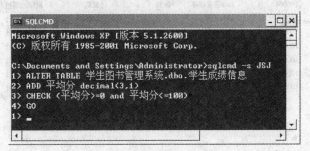

图 4-15　"SQLCMD"窗口

4）打开"学生成绩信息"的"表设计窗口"，可以看到"平均分"列及其 CHECK 已经添加。

4.9　查看表

表创建完成后，可能需要查找有关表属性的信息（如列名、数据类型或约束等），但更多地是要查看表中的数据。还需要显示表的依赖关系，来确定哪些对象（如视图、存储过程及触发器）是由表决定的。在更改表时，相关对象或许会受到影响。

4.9.1　查看数据表属性

可以在"对象资源管理器"中选中要查看的表，用鼠标右键单击，在弹出的快捷菜单中选择"修改"命令来查看表的相关属性，不再赘述。

使用系统存储过程"sp_help"来查看表的相关信息。

【例 4-25】　查看"学生图书管理系统"数据库中所有表的信息。

代码如下：

```
USE  学生图书管理系统
```

EXEC sp_help

【例 4-26】 查看表"图书信息"的相关信息。

USE 学生图书管理系统
EXEC sp_help 图书信息

4.9.2 查看数据表中的数据

在 SQL Server Management Studio 的"对象资源管理器"窗口中依次展开节点"数据库"→"学生图书管理系统"→"图书信息",用鼠标右键单击,在弹出的快捷菜单中选择"打开表"命令,即可查看表中的数据,如图 4-16 所示。

图书编号	图书名称	作者	图书类别	出版社名称
100001	软件工程	汪洋	计算机	电子出版社
100002	sql server2000	张亮	计算机	电子出版社
100003	音乐鉴赏	张海红	艺术	北京出版社
100004	java语言程序…	张魁	计算机	机械出版社
100005	软件工程	周立	计算机	高教出版社
100006	数学习题	李强	数学	电子出版社
100007	软件工程概论	王晓云	计算机	高教出版社
100008	软件工程实训	高丽	计算机	西电出版社
100009	实用软件工程	吴明	计算机	高教出版社
100010	%的应用	邱磊	数学	高教出版社

图 4-16　表数据

4.9.3 查看数据表与其他数据库对象的依赖关系

在 SQL Server Management Studio 的"对象资源管理器"窗口中依次展开节点"数据库"→"学生图书管理系统"→"图书信息",用鼠标右键单击,在弹出的快捷菜单中选择"查看依赖关系"命令,即可查看"图书信息"表和其他数据库对象的依赖关系,如图 4-17所示。

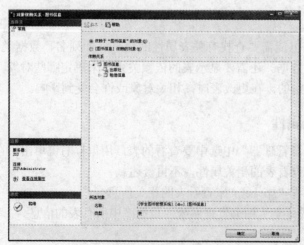

图 4-17　依赖关系

也可以使用系统存储过程"sp_depends"来进行查看,代码如下:

    EXEC sp_depends 图书信息

4.10 删除表

4.10.1 使用 SQL Server Management Studio 删除表

在 SQL Server Management Studio 的"对象资源管理器"窗口中依次展开节点"数据库"→"学生图书管理系统"→"学生基本信息",用鼠标右键单击,在弹出的快捷菜单中选择"删除"命令,弹出如图 4-18 所示的删除对象窗口,单击"确定"按钮即可。

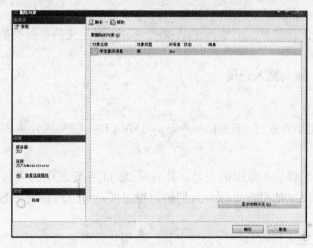

图 4-18 "删除对象"窗口

4.10.2 使用 T-SQL 语句删除表

语法格式如下:

    DROP TABLE 表名

说明:

1) DROP TABLE 语句不能删除系统表。

2) DROP TABLE 语句不能删除正被其他表中的外键约束引用的表。当需要删除这种有外键约束引用的表时,必须先删除外键约束,然后才能删除表。

3) 当删除表时,属于该表的约束和触发器也会自动被删除。如果重新创建该表,必须注意创建相应的规则、约束和触发器等。

4) 使用 DROP TABLE 命令一次可以删除多个表,多个表名之间用逗号分开。

【例 4-27】 删除"学生成绩信息"表。

代码如下:

    DROP TABLE 学生成绩信息

4.11　更新表数据

在编辑表中数据的过程中，输入的各列的内容一定要和所定义的数据类型一致，如果有其他定义或约束等要求，也一定要符合，否则将出现错误。

4.11.1　插入记录

1. 使用 SQL Server Management Studio 向表中插入数据

在 SQL Server Management Studio 的"对象资源管理器"窗口中依次展开节点"数据库"→"学生图书管理系统"→"图书信息"，用鼠标右键单击，在弹出的快捷菜单中选择"打开表"命令，在"结果"窗口中向表中添加记录，在单元格中输入数据后可能会出现"❶"警告标志，提示用户该单元格中的数据尚未保存，继续在其他单元格中输入数据若按〈Enter〉键即可自动保存数据。若输入的数据类型与该列定义的数据类型不一致时，则将弹出错误提示对话框。

2. 使用 T-SQL 语句插入记录

语法格式如下：

> INSERT [INTO] 表名　[（列名 l, 列名 2,...）] VALUES　（表达式 1, 表达式 2,...）

参数说明：

- INSERT：指定要插入数据的表名，并且可以同时指定表中的列名。
- INTO：可选项，使用它更符合人们的思维习惯，可以理解为将数据插入到"表名"指定的表中。
- "表名"是用来接收数据的表的名称。如果接收数据的表不在当前操作的目标数据库中，则应当使用"数据库名.拥有者.表名"的完整格式来描述。
- VALUES：系统保留字，指定要插入的数据值。VALUES 中给出的数据顺序和数据类型必须与表中列的顺序和数据类型一致。向表中插入一条记录时，可以给某些列赋空值，但这些列必须是可以为空的列。

使用 INSERT 语句插入数据可以分为以下 3 种情况：

（1）给插入记录的所有字段添加数据

当要给插入记录的所有字段添加数据时，可以省略"（字段列表）"这项内容，只需要在 VALUES 关键字后面列出添加的数据值就可以了，但要注意输入的数据顺序应与目标表中的字段顺序保持一致。

【例 4-28】　向"图书信息"表中插入一条记录。

代码如下：

```
USE 学生图书管理系统
INSERT INTO 图书信息 values （'100013','SQL Server 2005 教程','和瑶','计算机','北京出版社','2009-05-04',25,'2009-08-06',0）
```

（2）给插入记录的部分字段添加数据

如果要插入的记录需要添加部分数据，则应该在 INSERT 语句中使用字段列表。字段列表中的字段顺序可以不同于目标表中的字段顺序，但值列表与字段列表中包含的项数、数据类型及顺序等都要保持一致。

【例4-29】 向"图书信息"表中插入一条记录。

代码如下：

```
USE 学生图书管理系统
INSERT INTO 图书信息（图书编号,图书名称,作者,图书类别,定价） values （'100014','ASP.net
教程','王刚','计算机',30）
```

（3）给插入的记录使用默认值添加数据

如果需要给插入的记录的全部字段使用默认值，可以将 INSERT 语句写成下面的形式：

```
INSERT INTO 表名 DEFAULT VALUES
```

如果表中的某些字段没有指定默认值，但是允许是 NULL 值，则该字段的值为 NULL；如果表中的某些字段没有指定默认值，而又不允许为 NULL 值，则 INSERT 语句不被执行。

使用 INSERT 语句插入数据时，需要注意以下几点：

1）对于字符型和日期型数据，插入时要用单引号括起来。如'李明'、'2010/3/28'等。

2）对于具有 IDENTITY 属性的字段，应当在值列表中跳过。例如，当第 3 个字段具有 IDENTITY 属性时，值列表必须写成（值1,值2,值4,…）。

3）在默认情况下，不能把数据直接插入一个具有 IDENTITY 属性的字段。如果偶然从表中删除了一行记录，或在 IDENTITY 属性的字段值中存在着跳跃，也可以在该字段中设置一个指定的值，但必须首先用 SET 语句设置 IDENTITY_INSERT 选项，然后才能在 IDENTITY 字段中插入一个指定的值。

4.11.2 修改记录

1. 使用 SQL Server Management Studio 更新表中数据

在 SQL Server Management Studio 的"对象资源管理器"窗口中依次展开节点"数据库"→"学生图书管理系统"→"图书信息"，用鼠标右键单击，在弹出的快捷菜单中选择"打开表"命令，在"结果"窗口中修改表中的记录，关闭即可。

2. 使用 T-SQL 语句更新记录

语法格式如下：

```
UPDATE 表名 | 视图名
SET 列名＝值 | DEFAULT | NULL  [,…N]
［WHERE 条件子句］
```

参数说明：

● UPDATE：执行修改的命令。

● SET：用于指定要修改的列名及其新值。

● WHERE 子句用于指定需要修改数据的条件。如果省略 WHERE 子句，则表中的所有记录都将被修改成由 SET 子句指定的数据。

【例4-30】 将"图书信息"表中"计算机"类图书的定价都加上 5 元。

代码如下：

```
USE 学生图书管理系统
UPDATE 图书信息 set 定价=定价+5
WHERE 图书类别='计算机'
```

如果 SET 子句中的表达式用 DEFAULT 关键字，则用字段的默认值代替该字段的当前值。如果该字段允许为 NULL 值，也可以通过在相应的表达式位置上使用 NULL 关键字，则此时用 NULL 值来代替该字段中的当前值。

4.11.3 删除记录

1. 使用 SQL Server Management Studio 删除记录

删除数据时应先进行检查，如果没有外键关系，直接单击鼠标右键"删除"即可；如果有外键关系且是级联删除的，则删除主键表数据，外键表中的级联数据会一并删除；如果有外键关系但不是级联删除的，则应先删除外键表中的数据再删除主键表中的数据。

2. 使用 T-SQL 语句删除记录

```
DELETE [FROM] 表 | 视图
[WHERE <条件子句>]
```

参数说明：

WHERE：表或视图中所有符合 WHERE 搜索条件的行都将被删除。如果没有指定 WHERE 子句，将删除表或视图中的所有行。

【例 4-31】 从"图书信息"表中删除"数学"类的图书。

代码如下：

```
USE 学生图书管理系统
DELETE 图书信息 WHERE 图书类别='数学'
```

【例 4-32】 从"图书信息"表和"租借信息"表分别删除图书编号为"100014"的图书记录。

分 3 种情况分析：

1) 表之间无外键约束，分别进行删除。

```
DELETE 图书信息 where 图书编号='100014'
DELETE 租借信息 where 图书编号='100014'
```

2) 两表之间建立了外键约束，但没有选择级联删除，则必须先删除"租借信息"表，再删除"图书信息"表。注意：表删除的次序不能颠倒。

```
DELETE 租借信息 where 图书编号='100014'
DELETE 图书信息 where 图书编号='100014'
```

3) 两表之间建立了外键约束且为级联删除，则只要删除"图书信息"表中相应信息，两个表中的记录就都删除了。

```
DELETE 图书信息 where 图书编号='100014'
```

4.12　实训　数据库表的设计与管理

4.12.1　实训目的

1）掌握用户自定义数据类型的创建方法。

2）会使用 SQL Server Management Studio 创建表及其约束。

3）会使用 T-SQL 语句创建表及其约束。

4.12.2　实训内容

分别使用 SQL Server Management Studio 和 T-SQL 语句完成下列操作：

1）创建两个用户自定义数据类型"学号类型"（char（8）　not null）和"课程编号类型"（char（3）　not null）。

2）创建一个名为"学生成绩管理系统"的数据库，然后在这个数据库中创建 3 个表对象。3 个表的结构如下：

学生表结构

字 段 名	数 据 类 型	长 度	允 许 为 空
学号	学号类型		
姓名	varchar	12	否
性别	char	2	
出生日期	datetime		否
班级	char	10	
专业	varchar	20	

成绩表结构

字 段 名	数 据 类 型	长 度	允 许 为 空
学号	学号类型		
课程编号	课程编号类型		
成绩	int		否

课程表结构

字 段 名	数 据 类 型	长 度	允 许 为 空
课程编号	课程编号类型		
课程名称	varchar	20	否
课程类型	char	6	
学分	int		

3）将"学生表"中的"学号"字段设置为主键，并且具有自动编号的功能；将"课程表"中的"课程编号"字段设置为主键；将"成绩表"中的"学号"和"课程编号"两个字段组合起来作为主键。

4）将"成绩表"中的"学号"字段设置为"学生表"的外键，"课程编号"字段设置为"课程表"的外键。

5）将"成绩表"中的"成绩"字段设置检查约束，成绩值在 0 到 100 之间；将"学生表"的"性别"字段设置检查约束，使其只能接受"男"和"女"。

6）将"学生表"中的"专业"设置默认值约束为"计算机软件"。

4.13 实训 数据库数据完整性应用

4.13.1 实训目的

1）了解数据完整性的相关概念。

2）掌握默认值和规则的创建和使用方法。

3）掌握数据完整性的验证方法。

4.13.2 实训内容

分别使用 SQL Server Management Studio 和 T-SQL 语句完成下列操作：

1）创建一个用户自定义数据类型 Zdy，基本数据类型为 datetime，不允许为空。

2）创建一个默认值"时间"，获取当前系统的日期，并捆绑到"学生表"的"出生日期"列上，在此表上添加两个列"入学时间"和"毕业时间"，然后将默认值和前面第 1 题的用户自定义数据类型 Zdy 捆绑，向表中插入数据，查看表中数据的变化。

3）建立规则"年限"，限制其取值范围为"15-60"，在"学生表"上添加一个"年龄"列，并将规则捆绑到"学生表"上的"年龄"列上，往表中插入数据，查看表的变化。

4）修改和删除"学生表"中的一条记录，对应修改和删除"成绩表"中该学生的相关信息。

4.14 本章知识框架

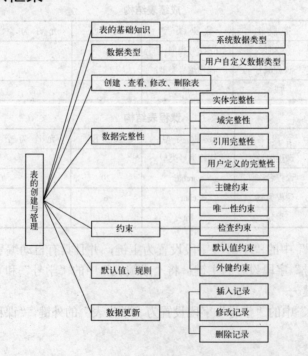

4.15 习题

1. 在 SQL Server 2005 中，char 和 varchar 有什么区别？

2. 什么是精度？若一个数为 428.6543，它的精度为多少？

3. 解释 NULL 值的含义。若某字段设置不允许为 NULL，当用户输入记录时，不给这个字段输入内容，则保存时会出现怎样的错误信息？

4. 什么是外键，外键有什么作用？

5. 简述数据完整性的定义和类型。

6. 试述主键约束与唯一性约束两者的区别。

7. 什么是规则？它与 check 约束的区别在哪里？

8. 什么是默认值？为表中数据提供默认值有几种方法？

9. 当向表中添加数据时，如果某个字段没有输入值，分析此字段值的可能情况。

10. 删除表时要注意什么？

第5章 索　引

知识目标

- 了解创建索引的作用和原则
- 掌握索引的主要类型及其特点

技能目标

- 能够使用 SQL Server Management Studio 或 CREATE INDEX 语句创建索引。
- 能够使用 SQL Server Management Studio 或 DROP INDEX 语句删除索引。

5.1　索引概述

5.1.1　索引的概念

索引就是加快检索表中数据的方法。数据库中的索引和书的目录很相似。在一本书中，利用目录可以快速查找所需信息，无需阅读整本书；在数据库中，索引使数据库程序无需对整个表进行扫描，就可以在其中找到所需数据。

索引是一个列表，这个列表中包含了某个表中一列或者若干列的集合，以及这些值的记录在数据表中存储位置的物理地址。

如果没有建立索引，在数据库中查询符合条件的记录时，系统将会从第一条记录开始，对表中的所有记录进行扫描，扫描整个表格是从存储表格的起始地址开始，依次比较记录，直到找到位置。如果有索引，通过索引查找时，因为索引是有序排列的，所以，可以通过高效的有序查找算法找到索引项，再根据索引项中记录的物理地址，找到查询结果的存储位置。

5.1.2　索引的作用和原则

1. 索引的作用

（1）加快数据查询

在表中创建索引后，SQL Server 将在数据表中为其建立索引页，每个索引页中的行都含有指向数据页的指针，当进行以索引为条件的数据查询时，将大大提高查询速度。

（2）加快表的连接、排序和分组工作

在进行表的连接或使用 ORDER BY 和 GROUP BY 子句检索数据时，都涉及数据的查询工作，建立索引后，可以明显减少表的连接及查询中分组和排序的时间。

（3）唯一性索引可以保证数据唯一性

通过创建唯一索引，可以保证表中的数据不重复，强制实施行的唯一性。

2．创建索引的原则

索引这么重要，但并不是在每一列上都要创建索引，这是因为：

1）创建索引要花费时间和占用存储空间。

2）建立索引加快了检索速度，却减慢了数据修改速度。因为每当执行一次数据修改（包括插入、删除和更新），就要维护索引，修改的数据越多，涉及维护索引的开销也就越大。

是否创建索引，在哪些列上创建索引，要看创建索引和维护索引的代价与因创建索引所节省的时间相比较来定。

建立索引的一般原则是：

1）对经常用来搜索数据记录的字段建立索引。

2）对表中的主键字段建立索引。

3）对表中的外键字段建立索引。

4）对在查询中用来连接表的字段建立索引。

5）对经常用来作为排序基准的字段建立索引。

5.1.3 索引的分类

索引的类型主要有：聚集索引、非聚集索引、唯一索引、视图索引、全文索引、XML索引等。

1．聚集索引

聚集索引（Clustered Index）对表在物理数据页中的数据按列进行排序，然后再重新存储到磁盘上，即在聚集索引中，行的物理存储顺序与索引顺序完全相同，索引的顺序决定了表中行的存储顺序。表数据按照指定作为聚集索引的一个或多个键列排序并存储。由于表中的数据行只能以一种排序方式存储在磁盘上，所以一个表只能有一个聚集索引。

由于聚集索引的顺序与数据行存放的物理顺序相同，因此，聚集索引最适合于范围搜索。因为相邻的行将被物理地存放在相同的页面上或相邻近的页面上，所以当在用于查找一定范围值的列上创建聚集索引时，聚集索引非常有效。因为，一旦使用聚集索引找到第一条符合条件的数据记录，同范围之后续键值的数据记录就会是相邻排列的。聚集索引的大小是表的5%。

当建立主键约束时，如果表中没有聚集索引，SQL会自动用主键作为聚集索引。用户可以在表的任何列或列的组合上建立聚集索引，实际应用中，主键是聚集索引的良好候选者。

2．非聚集索引

非聚集索引（NonClustered Index）不会改变表中数据行的物理顺序，数据与索引分开存储，通过索引带有的指针与表中的数据发生联系。非聚集索引只是记录指向表中行的位置的指针，这些指针本身有序，通过这些指针可以在表中快速地定位数据。

在创建非聚集索引之前，应先创建聚集索引。一个表最多能够拥有249个非聚集索引。在一个表上建立索引默认都是非聚集索引，在一个列上设置唯一性约束时也自动在该列上创建非聚集索引。

3．唯一索引

如果要求索引中的字段值不能重复，可以建立唯一索引（Unique Index）。

唯一索引要求所有数据行中任意两行中的被索引列或索引列组合不能存在重复值，包括不能有两个空值 NULL。也就是说，对于表中的任何两行记录来说，索引键的值都是各不相同的。如果表中有多行的记录在某个字段上具有相同的值，则不能基于该字段建立唯一索引；同样对于多个字段的组合，如果在多行记录上有重复值或多个 NULL，也不能在该组合上建立唯一索引。在一个列上建立唯一性约束时，会自动在该列上创建一个唯一性索引。

聚集索引和非聚集索引都可以是一个唯一索引或非唯一索引。

4．视图索引

将具体化视图和结果集永久地存储在唯一的聚集索引中，而且其存储方法与带聚集索引的表的存储方法相同。创建聚集索引后，可以为视图添加非聚集索引。

5．全文索引

一种特殊类型的基于标记的功能性索引，由 Microsoft SQL Server 全文引擎服务创建和维护，用于帮助在字符串数据中搜索复杂的词。

6．XML 索引

对 XML 数据类型创建的索引。

5.2 创建索引

5.2.1 使用 SQL Server Management Studio 创建索引

使用 SQL Server Management Studio 创建和修改索引很便捷，具体创建步骤如下：

1）启动 SQL Server Management Studio 工具，在"对象资源管理器"中，依次展开各节点到数据库"学生图书管理系统"下的表节点。

2）展开"图书信息"表，在"索引"项上用鼠标右键单击，在快捷菜单中选择"新建索引"命令，弹出如图 5-1 所示"新建索引"窗口。

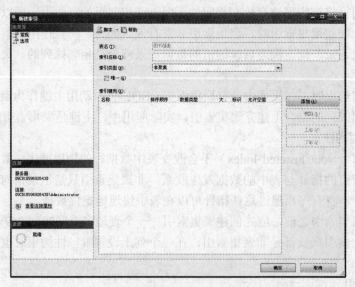

图 5-1 "新建索引"窗口

3）在"索引名称"文本框中，输入索引的名字"IX_图书类别"，"索引类型"下拉列表框用于设置索引类型，通过"唯一"复选框，可以设置索引的唯一性。

4）单击"添加"按钮，弹出如图 5-2 所示的对话框，选择"图书类别"列，单击"确定"按钮。

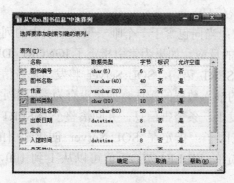

图 5-2　选择列

5）返回到"新建索引"窗口，其中"排序顺序"列用于设置索引的排列顺序，默认为"升序"。单击"确定"按钮，完成索引的创建过程。

SQL Server Management Studio 的"对象资源管理器"中，依次展开到"索引"节点，用鼠标右键单击某个索引的名字，依次选择"编写索引脚本为"→"CREATE 到"→"新查询编辑器窗口"，就可以查看到索引的定义语句，如图 5-3 所示。

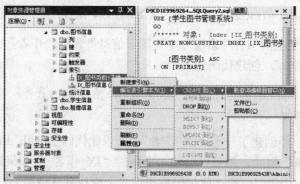

图 5-3　查看索引的定义语句

5.2.2　使用 CREATE INDEX 语句创建索引

基本语法格式如下：

```
CREATE [UNIQUE] [CLUSTERED|NONCLUSTERED]
INDEX 索引名 ON 表名 （字段名[,...n]）
[WITH [索引选项[,...n]]]
[ON 文件组]
```

其中各参数的含义如下。

1）UNIQUE：建立唯一索引。

2）CLUSTERED：建立聚集索引。

3）NONCLUSTERED：建立非聚集索引。

4）索引选项。

● DROP_EXISTING：先删除存在的同名索引，再创建新的索引（如果不存在同名索引，系统会给出错误信息）。

● IGNORE_DUP_KEY：当向包含于一个唯一聚集索引中的列插入重复数据时，用于控制 SQL Server 所做的反应。如果为索引指定了 IGNORE_DUP_KEY 选项，并且执行了创建重复键的 INSERT 语句，SQL Server 将发出警告信息，并跳过此行数据的插入，继续执行下面的插入数据的操作，如果没有为索引指定 IGNORE_DUP_KEY 选项，SQL Server 会发出一条警告信息，并回滚整个 INSERT 语句。

● FILLFACTOR=填充因子：指定在 SQL Server 创建索引的过程中，各索引页级的填满程度。用户指定的 FILLFACTOR 值可以从 1 到 100，如果没有指定，默认值为 0。

【例 5-1】 在"学生图书管理系统"中"图书信息"表的"作者"列上创建一个唯一的非聚集索引"IX_作者"，创建代码如下：

```
CREATE UNIQUE NONCLUSTERED INDEX   IX_作者 ON 图书信息（作者）
```

【例 5-2】 在"学生图书管理系统"中"图书信息"表的"作者、出版社名称"列上创建一个非聚集索引"IX_作者出版社"，创建代码如下：

```
CREATE NONCLUSTERED INDEX IX_作者出版社 ON 图书信息（作者,出版社名称）
```

【例 5-3】 在"学生图书管理系统"中"图书信息"表的"作者"列上创建一个非唯一的非聚集索引"IX_作者"，创建代码如下：

```
CREATE   NONCLUSTERED INDEX   IX_作者 ON 图书信息（作者）
with drop_existing
```

在【例 5-1】中已经创建了一个"IX_作者"，所以此代码中 with drop_existing 作用是将已经存在的"IX_作者"删除，然后再创建一个新的"IX_作者"。如果原来已经存在的索引中没有"IX_作者"这个索引，那么此代码将出现"未能找到任何名为'IX_作者' 的索引（属于表'图书信息')"的运行结果。

查看表的索引信息可以使用系统存储过程 sp_helpindex，例如查看"图书信息"表上的索引信息代码如下：

```
Exec sp_helpindex 图书信息
```

5.3 删除索引

当某个索引不再需要的时候，可以将其从数据库中删除，以回收磁盘空间。如果是创建主键约束或唯一性约束而生成的聚集索引或唯一性索引，必须删除主键约束或唯一性约束，才能删除约束使用的索引。

在 SQL Server Management Studio 的"对象资源管理器"中依次展开节点，选中要删除的索引，在右键快捷菜单中选择"删除"，在弹出的"删除对象"窗口中单击"确定"按钮即可。

用 DROP INDEX 命令删除索引的语法格式如下：

    DROP INDEX 表名.索引名[,...]

【例 5-4】 用 DROP INDEX 命令删除"图书信息"表上的"IX_作者"，代码如下：

    drop index 图书信息.IX_作者

5.4 实训 创建和维护索引

5.4.1 实训目的

1）能够使用 SQL Server Management Studio 创建索引。

2）掌握 CREATE INDEX 创建索引语句。

3）学会查看、修改、删除所创建的索引。

5.4.2 实训内容

在第 3、4 章创建的"学生成绩管理系统"中创建以下索引：

1）使用 SQL Server Management Studio 在"学生表"的"姓名"列上，创建一个名为"IX_姓名"的非唯一性非聚集索引。

2）使用 CREATE INDEX 语句在"学生表"的"姓名、专业"组合列上创建一个名为"IX_姓名专业"的唯一性非聚集索引。

3）在"课程表"的"课程名"列上创建一个聚集索引，查看运行结果，看是否能在一个表上创建两个聚集索引。

4）删除以上创建的索引。

5.5 本章知识框架

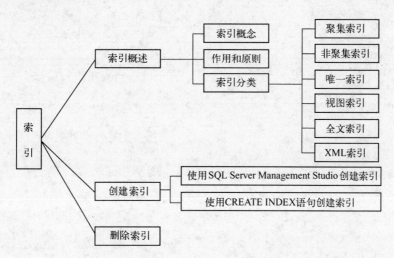

5.6 习题

1. 索引的作用是什么？
2. 索引的主要类型有哪几种？各有什么特点？
3. 怎样查看索引的信息？
4. 有几种删除索引的方法？分别是什么？

第6章 数 据 查 询

知识目标

- 掌握 SELECT 查询语句
- 掌握数据的导入导出方法

技能目标

- 能够利用 SELECT 语句进行单表及多表联接查询
- 能够使用子查询
- 能够对表中数据进行计算、汇总、排序等
- 可以将数据在 SQL Server 和 Access、Excel 等之间进行转换

6.1 SELECT 语句

SELECT 语句可以用来检索表中的数据，通过执行 SELECT 语句，能够显示存储在表中的信息。

6.1.1 SELECT 语句的语法

SELECT 语句的基本语法格式如下：

```
SELECT <字段列表>
[INTO  新表名]
FROM <表名/视图名列表>
[WHERE  条件表达式]
[GROUP BY  列名列表]
[HAVING  条件表达式]
[ORDER BY  列名 1[ASC|DESC]，列名 2[ASC|DESC]，  …，列名 n[ASC|DESC]]
[COMPUTE  行聚合函数名（统计表达式）[   ,…n] [BY  分类表达式[,…n]]]
```

其中各子句说明如下：

1）SELECT 子句用于指出要查询的字段，也就是查询结果中包含的字段的名称。

2）INTO 子句用于创建一个新表，并将查询结果保存到这个新表中。

3）FROM 子句用于指出所要进行查询的数据来源，即来源于哪些表或视图的名称。

4）WHERE 子句用于指出查询数据时要满足的检索条件。

5）GROUP BY 子句用于对查询结果分组。

6）ORDER BY 子句用于对查询结果排序。

7）COMPUTE 子句用于对查询结果进行汇总。

在 SELECT 语句中，SELECT 子句和 FROM 子句是必选项，其余子句是可选项。

6.1.2 基本的 SELECT 语句

SELECT 语句的基本形式如下：

SELECT <字段列表>
FROM <表名列表>

1. 选择表中的所有列

在 SELECT 语句中，可以使用 "*" 来选择表中的所有列数据，结果集中列的显示顺序与其在基表中的顺序相同。

【例6-1】 查询"图书信息"表中的所有数据，结果如图 6-1 所示。

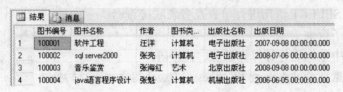

	图书编号	图书名称	作者	图书类...	出版社名称	出版日期
1	100001	软件工程	汪洋	计算机	电子出版社	2007-09-08 00:00:00.000
2	100002	sql server2000	张亮	计算机	电子出版社	2008-07-06 00:00:00.000
3	100003	音乐鉴赏	张海红	艺术	北京出版社	2008-09-08 00:00:00.000
4	100004	java语言程序设计	张魁	计算机	机械出版社	2006-06-05 00:00:00.000

图 6-1　查询"图书信息"表所有列

查询语句如下：

Use 学生图书管理系统
Select * from 图书信息

2. 选择表中的指定列

在很多情况下，用户只对表中的一部分属性感兴趣，这时可以通过选择指定列来进行查询，指定的列名中间用逗号隔开。

【例6-2】 查询"图书信息"表中图书编号、图书名称、作者、出版社名称列的相关信息，结果如图 6-2 所示。

查询语句如下：

Use 学生图书管理系统
Select 图书编号，图书名称，作者，出版社名称
from 图书信息

	图书编号	图书名称	作者	出版社名称
1	100001	软件工程	汪洋	电子出版社
2	100002	sql server2000	张亮	电子出版社
3	100003	音乐鉴赏	张海红	北京出版社
4	100004	java语言程序设计	张魁	机械出版社

图 6-2　查询"图书信息"表指定的列

3. 设置字段别名

显示查询结果时，通常第一行显示各个输出字段的名称。用户还可以根据实际需要对查询数据的列标题进行修改，或者为没有标题的列加上临时标题。设置别名的语法格式有两种：

（1）列表达式 [as] 别名

（2）别名=列表达式

注意：当原字段名或别名中有空格时，必须用方括号或双引号括起来。

【例6-3】 显示"图书信息"表中图书名称、作者两列的信息，并为作者列设置别名

92

"主编"，结果如图 6-3 所示。

查询语句如下：

> Select 图书名称, 作者 as 主编 from 图书信息

4. 查询经过计算的值

SELECT 子句的<字段列表>不仅可以是表中的属性列，也可以是由数据库表中的一些字段经过运算而生成的表达式，包括字符串常量、函数等。

语法格式为：

> 表达式 [AS 别名]

当不为表达式指定别名时，输出时该列的第 1 行将显示无列名。

【例 6-4】 将"图书信息"中的定价打七折，结果如图 6-4 所示。

图 6-3 设置别名   图 6-4 计算字段

查询语句如下：

> Select 图书名称, 定价*0.7 as 七折价 from 图书信息

5. 用 ALL 返回全部记录

要返回所有记录可在 SELECT 后使用 ALL，ALL 是默认设置，因此也可以省略。如果在 SELECT 子句中没有使用任何一个选择谓词，则相当于使用了 ALL 关键字，这时选择查询将返回符合条件的全部记录。

【例 6-5】 显示所有图书的出版社名称，结果如图 6-5 所示。

查询语句如下：

> Select all 出版社名称 from 图书信息

6. 用 DISTINCT 消除结果集中重复的记录

当对表只选择部分字段时，可能会出现重复行。如果让重复行只显示一次，需在 SELECT 子句中用 DISTINCT 指定在结果集中只能显示唯一行。关键字 DISTINCT 是限制字段列表中所有字段的值都相同时只显示其中一条，而不是针对某个字段来处理。就下面的查询命令而言，只有"出版社名称"和"入馆时间"都相同的才会被视为重复的记录。

【例 6-6】 显示"图书信息"表中出版社名称、入馆时间列的相关信息，重复的记录只显示一次，结果如图 6-6 所示。

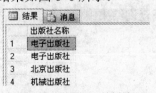 

图 6-5 使用 all 关键字   图 6-6 消除重复记录

93

查询语句如下：

  Select distinct 出版社名称, 入馆时间 from 图书信息

7. 用 TOP 显示前面若干条记录

语法格式如下：

  SELECT TOP n [PERCENT] 列名 1[, ... n]
  FROM 表名

其中：TOP n 表示返回最前面的 n 行，n 表示返回的行数。TOP n PERCENT 表示返回最前面的 n% 行。

【例 6-7】 显示"图书信息"表的前 4 行记录，结果如图 6-7 所示。

	图书编号	图书名称	作者	图书类...	出版社名称	出版日期
1	100001	软件工程	汪洋	计算机	电子出版社	2007-09-08 00:00:00.000
2	100002	sql server2000	张亮	计算机	电子出版社	2008-07-06 00:00:00.000
3	100003	音乐鉴赏	张海红	艺术	北京出版社	2008-09-08 00:00:00.000
4	100004	java语言程序设计	张魁	计算机	机械出版社	2006-06-05 00:00:00.000

图 6-7　前 4 行记录

查询语句如下：

  Select top 4 * from 图书信息

【例 6-8】 显示"图书信息"表的前 20% 行记录，结果如图 6-8 所示。

	图书编号	图书名称	作者	图书类...	出版社名称	出版日期
1	100001	软件工程	汪洋	计算机	电子出版社	2007-09-08 00:00:00.000
2	100002	sql server2000	张亮	计算机	电子出版社	2008-07-06 00:00:00.000
3	100003	音乐鉴赏	张海红	艺术	北京出版社	2008-09-08 00:00:00.000

图 6-8　前 20% 行记录

查询语句如下：

  Select top 20 percent * from 图书信息

6.1.3 WHERE 子句

只要通过 FROM 子句指定数据来源，SELECT 子句指定输出字段就能够从数据库表中获取全部数据，而实际工作中大多数查询并不是希望得到表中的所有记录，而是满足给定条件的部分记录，这就需要对数据库表中的记录进行过滤。通过在 SELECT 语句中使用WHERE 子句，可以设置对记录的检索条件，从而保证查询结果中仅仅包含所需要的记录。

基本语法格式如下：

  SELECT 列名 1[, ...列名 n]
  FROM 表名

WHERE 查询条件

查询条件为选择查询结果的条件，是用运算符连接字段名、常量、变量、函数等而得到的表达式，其取值为 TRUE 或 FALSE。满足条件的结果为 TRUE，不满足条件的结果为 FALSE。满足条件的记录都会包含在查询所返回的结果集中，不满足条件的记录则不会出现在这个结果集中。

在使用时，WHERE 子句必须紧跟在 FROM 子句后面。查询条件中可以包含的运算符见表 6-1。

表 6-1　查询条件中常用的运算符

运　算　符	用　　途
=,<>,>,>=,<,<=,!=	比较大小
AND,OR,NOT	设置多重条件
BETWEEN…AND	确定范围
IN,NOT IN,ANY,SOME,ALL	确定集合
LIKE	字符匹配，用于模糊查询
IS[NOT] NULL	测试空值

1. 比较表达式作查询条件

比较表达式是逻辑表达式的一种，使用比较表达式作为查询条件的一般表达形式是：

表达式　比较运算符　表达式

其中：表达式为常量、变量和列表达式的任意有效组合。比较运算符包括=、<、>、<>、!>、!<、>=、<=、!=。

【例 6-9】 显示"图书信息"表中图书类别是"计算机"类的图书信息，结果如图 6-9 所示。

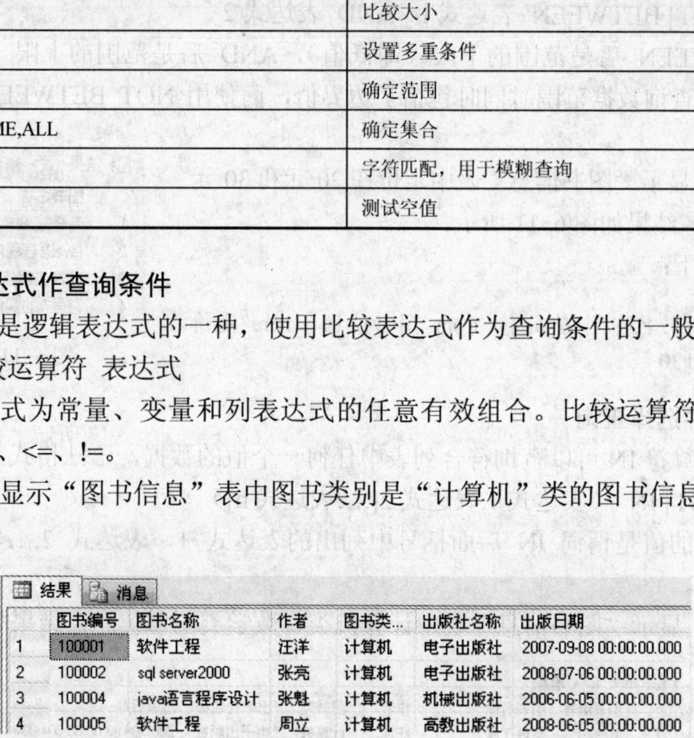

图 6-9　计算机类图书

查询语句如下：

Select * from 图书信息 where 图书类别='计算机'

2. 逻辑表达式作查询条件

使用逻辑表达式作为查询条件的一般表达形式是：

表达式 1　AND|OR 表达式 2，　或 NOT 表达式

【例 6-10】 显示"图书信息"表中，图书类别是"计算机"类并且是电子出版社的图书信息，结果如图 6-10 所示。

	图书编号	图书名称	作者	图书类...	出版社名称	出版日期
1	100001	软件工程	汪洋	计算机	电子出版社	2007-09-08 00:00:00.000
2	100002	sql server2000	张亮	计算机	电子出版社	2008-07-06 00:00:00.000

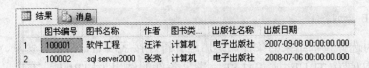

图 6-10　and 条件查询

查询语句如下：

```
Select * from 图书信息 where 图书类别='计算机' and 出版社名称='电子出版社'
```

3．范围条件选择查询

查询的条件如果是一个范围，则使用逻辑运算符 BETWEEN…AND，其语法格式为：

表达式 [NOT] BETWEEN 表达式 1　AND 表达式 2

其中 BETWEEN 后是范围的下限（即低值），AND 后是范围的上限（即高值）。使用 BETWEEN 限制查询数据范围时同时包括了边界值，而使用 NOT BETWEEN 进行查询时没有包括边界值。

【例 6-11】 显示"图书信息"表中定价在 20 元和 30 元之间的图书信息，结果如图 6-11 所示。

查询语句如下：

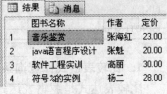

```
Select 图书名称,作者,定价 from 图书信息 where 定价 between 20 and 30
```

	图书名称	作者	定价
1	音乐鉴赏	张海红	23.00
2	java语言程序设计	张魁	20.00
3	软件工程实训	高丽	30.00
4	符号%的实例	杨二	28.00

图 6-11　范围查询

4．列表条件选择查询

使用逻辑运算符 IN 可以查询符合列表中任何一个值的数据，语法格式为：

表达式 [NOT] IN （表达式 1,表达式 2[,…表达式 n]）

如果表达式的值是谓词 IN 后面括号中列出的表达式 1，表达式 2,…表达式 n 的值之一，则条件为真。

【例 6-12】 显示"图书信息"表中计算机类、数学类图书信息，结果如图 6-12 所示。

	图书编号	图书名称	作者	图书类...	出版社名称	出版日期
1	100001	软件工程	汪洋	计算机	电子出版社	2007-09-08 00:00:00.000
2	100002	sql server2000	张亮	计算机	电子出版社	2008-07-06 00:00:00.000
3	100004	java语言程序设计	张魁	计算机	机械出版社	2006-06-05 00:00:00.000
4	100005	软件工程	周立	计算机	高教出版社	2008-06-05 00:00:00.000
5	100006	数学习题	李强	数学	电子出版社	2006-04-07 00:00:00.000

图 6-12　列表查询

查询语句如下：

```
Select * from 图书信息 where 图书类别 IN ('计算机','数学')
```

5．字符串匹配条件的选择查询

逻辑运算符 LIKE 用于测试一个字符串是否与给定的模式相匹配。所谓模式，是一种特殊的字符串，其特殊之处在于它不仅可以包含普通字符，还可以包含通配符，用于表示任意的字符串。在实际应用中，如果需要从数据库中检索一批记录，但又不能给出精确的查询条件，可以使用 LIKE 运算符和通配符来实现模糊查询。

语法格式：表达式 [NOT] LIKE <匹配串>

<匹配串>可以是一个完整的字符串，也可以含有通配符。

SQL Server 提供了以下 4 种通配符供用户灵活实现复杂的查询条件。

1）_（下划线）：代表单个字符或一个汉字。一个全角字符也算一个字符。

【例 6-13】 显示"图书信息"表中作者名是两个字并且姓张的图书信息，结果如图 6-13 所示。

	图书编号	图书名称	作者	图书类…	出版社名称	出版日期
1	100002	sql server2000	张亮	计算机	电子出版社	2008-07-06 00:00:00.000
2	100004	java语言程序设计	张魁	计算机	机械出版社	2006-06-05 00:00:00.000

图 6-13　使用通配符'_'

查询语句如下：

Select * from 图书信息 where 作者 like '张_'

2）%（百分号）：代表 0 个或多个字符。

【例 6-14】 显示"图书信息"表中作者姓张的图书信息，结果如图 6-14 所示。

	图书编号	图书名称	作者	图书类…	出版社名称	出版日期
1	100002	sql server2000	张亮	计算机	电子出版社	2008-07-06 00:00:00.000
2	100003	音乐鉴赏	张海红	艺术	北京出版社	2008-09-08 00:00:00.000
3	100004	java语言程序设计	张魁	计算机	机械出版社	2006-06-05 00:00:00.000

图 6-14　使用通配符'%'

查询语句如下：

Select * from 图书信息 where 作者 like '张%'

3）[ ]：代表指定范围（如[x-z]）或集合（如[aceg]）中的任意一个字符。

【例 6-15】 显示"图书信息"表中作者姓张、李、王的图书信息，结果如图 6-15 所示。

	图书编号	图书名称	作者	图书类…	出版社名称	出版日期
1	100002	sql server2000	张亮	计算机	电子出版社	2008-07-06 00:00:00.000
2	100003	音乐鉴赏	张海红	艺术	北京出版社	2008-09-08 00:00:00.000
3	100004	java语言程序设计	张魁	计算机	机械出版社	2006-06-05 00:00:00.000
4	100006	数学习题	李强	数学	电子出版社	2006-04-07 00:00:00.000
5	100007	软件工程概论	王晓云	计算机	高教出版社	2008-05-04 00:00:00.000

图 6-15　使用通配符'[]'

查询语句如下：

Select * from 图书信息 where 作者 like '[张李王]%'

4）[^]：代表不属于指定范围（如[^x-z]）或集合（如[^aceg]）的任意一个字符。

【例 6-16】 显示"图书信息"表中作者不是姓张、李、王的图书信息，结果如图 6-16 所示。

图 6-16　使用通配符'[^]'

查询语句如下：

　　Select * from 图书信息 where 作者 like '[^张李王]%'

注意：通配符和字符串必须括在单引号中。

　　如果要查找的字段中正好含有_、%、[]、和[^]时，可以使用 ESCAPE 子句来告诉系统_、%、[ ]和[^]只是一个普通的字符，而不是一个通配符。具体做法是在<匹配串>中要作为普通字符出现的通配符之前加上一个字符，然后在 ESCAPE 的后面指明，也可以用方括号将它们括起来。

　　【例 6-17】　显示"图书信息"表中图书名称含有"%"的图书信息，结果如图 6-17 所示。

图 6-17　通配符作为普通字符

查询语句如下：

① Select * from 图书信息 where 图书名称 like '%!%%' escape '!'

② Select * from 图书信息 where 图书名称 like '%[%]%'

其中①中第一、第三个%为通配符，中间的%为普通字符，由转义字符"！"引出，并在escape 后面说明，转义字符可以是除了通配符外的其他字符、数字等。

6. NULL 值的选择查询

　　当需要判定一个表达式的值是否为空值（NULL）时，使用 IS NULL 关键字。不能用"="代替，格式为 expression IS [NOT] NULL。

　　【例 6-18】　显示"租借信息"表中所有正在被借阅的图书即还书日期为空的图书，结果如图 6-18 所示。

图 6-18　NULL 查询

查询语句如下:

Select * from 租借信息 where 还书日期 is null

6.1.4　INTO 子句

使用 INTO 子句允许用户定义一个新表,并且把 SELECT 子句的数据插入到新表中,其语法格式如下:

SELECT <字段列表>
INTO 新表名
FROM <表名列表>
WHERE 查询条件

使用 INTO 子句插入数据时,应注意以下几点:

1) 新表不能存在,否则会产生错误信息。
2) 新表中的列和行是基于查询结果集的。
3) 使用该子句必须在目的数据库中具有 CREATE TABLE 权限。
4) 如果新表名称的开头为"#",则生成的是临时表。

注意: 使用 INTO 子句,通过在 WHERE 子句中设置查询条件为 FALSE,可以创建一个和源表结构相同的空表。

【例 6-19】 查询"图书信息"表中字段"图书编号"、"图书名称"、"图书类别"、"作者"等信息,再将此查询结果保存在当前数据库的另一个表("书籍")中。

所使用的查询语句为

SELECT 图书编号, 图书名称, 图书类别, 作者
INTO 书籍
FROM 图书信息

也可以将查询结果保存在另一个数据库中。

【例 6-20】 将【例 6-19】中的查询结果保存在另一已存在的数据库"学生成绩管理系统"中,表名仍为"书籍"。

SELECT 图书编号, 图书类别, 图书名称, 出版社名称, 作者, 定价
INTO 学生成绩管理系统.dbo.书籍
FROM 图书信息

【例 6-21】 利用已有表"图书信息"创建一个新表,名为 BF,包括字段:图书编号,图书名称,作者,图书类别,出版社名称,定价。

SELECT 图书编号,图书名称,作者,图书类别,出版社名称,定价
INTO BF
FROM 图书信息
WHERE 图书编号 IS NULL

6.1.5 ORDER BY 子句

1. ORDER BY 子句的语法格式

对查询的结果进行排序，通过使用 ORDER BY 子句实现。语法格式如下：

ORDER BY 表达式 1 [ASC | DESC][,...n]]

其中，表达式给出排序依据，它可以是字段名也可以是字段别名。按照表达式的值升序（ASC）或降序（DESC）排列查询结果。在默认的情况下，ORDER BY 按升序进行排列，即默认使用的是 ASC 关键字。不能按 ntext、text 或 image 类型的列排序，因此 ntext、text 或 image 类型的列不允许出现在 ORDER BY 子句中。NULL 值将被处理为最小值。

在 ORDER BY 子句中可以指定多个字段作为排序依据，这些字段在该子句中出现的顺序决定了结果集中记录的排列顺序。

按照最前面的排序表达式的值进行排序，如果存在多条记录该字段的值相同，则这些记录应该按照下一个排序表达式的值进行比较，决定记录的排列顺序。若第二个排序表达式的值仍然相同，则再看下一个，以此类推。例如，在图书信息表中，想按图书类别、出版社名称和图书名称排序，则排序时，"计算机" 类别的书应排在一起，但哪一本书应在前面呢？此时应该按第二个排序表达式 "出版社名称" 决定次序，假如有两本书，它们的前两个排序表达式的值都相同，则再通过下一个排序表达式 "图书名称" 字段的值进行区分。因此，排序时若第一个排序字段的值有相同的记录，则记录排列顺序由下一个排序字段决定，否则，若第一个排序字段的值无相同的记录，则后面的排序表达式不起作用。

【例 6-22】 显示 "图书信息" 表中的所有列信息，结果集按 "图书类别" 字段进行排序，如图 6-19 所示。

图 6-19　按图书类别排序

查询语句如下：

Select * from 图书信息 order by 图书类别

【例 6-23】 显示 "图书信息" 表中的所有列信息，结果集按图书类别、出版社名称、作者进行排序，如图 6-20 所示。

图 6-20　按多个字段排序

查询语句如下：

> Select * from 图书信息 order by 图书类别,出版社名称,作者

2．TOP 或 TOP…WITH TIES 子句与 ORDER BY 子句

通过在 SELECT 语句中使用 TOP 子句，可以查询表最前面的若干条记录。这里分两种情况：如果在 SELECT 语句中没有使用 ORDER BY 子句，则按照录入顺序返回前面的若干条记录；如果使用了 ORDER BY 子句，则按照排序后的顺序返回前面若干条记录。在这种情况下，如果有多条记录排序字段的值与最后一条记录相同，则只显示位置在前面的记录；如果需要将排序字段值相等的那些记录一并显示出来，则在 SELECT 语句中 TOP 后面添加 WITH TIES 即可。WITH TIES 必须与 TOP 一起使用，而且只能与 ORDER BY 子句一起使用。

【例 6-24】 将"图书信息"表所有记录按"图书类别"字段排序后显示前面 4 条，结果如图 6-21 所示。

	图书编号	图书名称	作者	图书类…	出版社名称	出版日期
1	100005	软件工程	周立	计算机	高教出版社	2008-06-05 00:00:00.000
2	100002	sql server2000	张亮	计算机	电子出版社	2008-07-06 00:00:00.000
3	100001	软件工程	汪洋	计算机	电子出版社	2007-09-08 00:00:00.000
4	100004	java语言程序设计	张魁	计算机	机械出版社	2006-06-05 00:00:00.000

图 6-21 使用 top 和 order by

查询语句如下：

> Select top 4 * from 图书信息 order by 图书类别

【例 6-25】 将"图书信息"表所有记录按"图书类别"字段排序后显示前面 4 条，包括与第 4 条记录"图书类别"值相同的后续记录，结果如图 6-22 所示。

	图书编号	图书名称	作者	图书类…	出版社名称	出版日期
1	100001	软件工程	汪洋	计算机	电子出版社	2007-09-08 00:00:00.000
2	100002	sql server2000	张亮	计算机	电子出版社	2008-07-06 00:00:00.000
3	100004	java语言程序设计	张魁	计算机	机械出版社	2006-06-05 00:00:00.000
4	100005	软件工程	周立	计算机	高教出版社	2008-06-05 00:00:00.000
5	100007	软件工程概论	王晓云	计算机	高教出版社	2008-05-04 00:00:00.000
6	100008	软件工程实训	高丽	计算机	西电出版社	2008-03-02 00:00:00.000
7	100009	实用软件工程	吴明	计算机	高教出版社	2005-05-06 00:00:00.000

图 6-22 使用 top with ties 和 order by

查询语句如下：

> Select top 4 with ties * from 图书信息 order by 图书类别

6.2 使用 SELECT 进行统计检索

为了进一步方便用户，增强检索功能，SELECT 语句中的统计功能可以对查询结果集进

行求和、求平均值、求最大最小值等操作。统计的方法是通过聚合函数和 GROUP BY 子句、COMPUTE 子句进行组合来实现。

6.2.1　聚合函数

聚合函数也称统计函数，常用的统计函数见表 6-2。

表 6-2　SQL Server 的统计函数

函 数 名	功 能
SUM()	对数值型列或计算列求总和
AVG()	对数值型列或计算列求平均值
MAX()	返回一个数值列或数值表达式的最大值
MIN()	返回一个数值列或数值表达式的最小值
COUNT()	返回满足 SELECT 语句中指定条件的记录个数
COUNT(*)	返回所有记录的总行数

语法格式如下：统计函数（[ALL | DISTINCT] expression）

如果指定 DISTINCT 短语，则表示在计算时要取消指定列中的重复值。如果不指定 DISTINCT 短语或指定 ALL 短语（ALL 为默认值），则表示不取消重复值。

SUM、AVG 函数只能用于数值型字段，而且 NULL 值将被忽略。MAX 函数、MIN 函数表达式可以是数值型、字符串型和日期时间型等，也可以是由常数、字段名以及函数构成的上述类型的表达式。

COUNT 函数有以下 3 种用法。

1）COUNT（*）：返回结果集中的记录总数，包括 NULL 值和重复值在内。

2）COUNT（ALL 表达式）：返回结果集中的记录总数，不包括 NULL 值，但包括重复值在内。

3）COUNT（DISTINCT 表达式）：返回结果集中的记录总数，不包括 NULL 值和重复值在内。

【例 6-26】 计算"图书信息"表中，计算机类图书的定价总和，结果如图 6-23 所示。查询语句如下：

　　　　Select sum（定价） as 定价总和 from 　图书信息 where 图书类别= '计算机'

【例 6-27】 计算"图书信息"表中，计算机类图书的平均价格，结果如图 6-24 所示。

图 6-23　定价总和　　　　　　　　　　　图 6-24　平均价格

查询语句如下：

　　　　Select avg（定价） as 平均价格 from 图书信息 where 图书类别= '计算机'

【例 6-28】 查询"图书信息"表中，计算机类图书的最高定价、最低定价，结果如图 6-25 所示。

查询语句如下：

Select max（定价） as 最高价格 ,min（定价） as 最低价格
from 图书信息 where 图书类别='计算机'

【例 6-29】 统计"图书信息"表中的图书总数，结果如图 6-26 所示。

图 6-25 最高价格、最低价格

图 6-26 图书总数

查询语句如下：

Select count（*） as 图书总数 from 图书信息

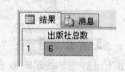

图 6-27 出版社总数

【例 6-30】 统计"图书信息"表中包含几个出版社的书，结果如图 6-27 所示。

查询语句如下：

Select count（distinct 出版社名称） as 出版社总数 from 图书信息

6.2.2 GROUP BY 子句

在大多数情况下使用统计函数，返回的是所有行数据的统计结果。如果需要按某一字段数据的值进行分组，在分组的基础上再进行统计计算，就需要使用 GROUP BY 子句。数据分组是指通过 GROUP BY 子句按一定的条件对查询到的结果进行分组，再对每一组数据统计计算。语法格式如下：

GROUP BY 列名
[HAVING 条件表达式]
HAVING 条件表达式选项是对生成的组进行筛选。text、ntext、image 以及 bit 数据类型的字段不能用在分组表达式中。

注意：在 GROUP BY 子句中，字段别名不能作为分组表达式来使用。SELECT 后面出现的列，或者包含在统计函数中，或者包含在 GROUP BY 子句，否则，SQL Server 将返回错误信息。

【例 6-31】 计算"图书信息"表中各类图书的册数，结果如图 6-28 所示。
查询语句如下：

Select 图书类别,count（*） as 册数 from 图书信息

Group by 图书类别

【例 6-32】 在"图书信息"表中，求出"计算机"、"数学"和"艺术"3 种类别的图书的价格总和以及平均价格，如图 6-29 所示。

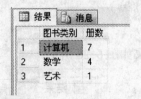

图 6-28　各类图书册数　　　　　图 6-29　分组求总价和平均价

查询语句如下：

SELECT 图书类别, SUM（定价） AS 总价格, AVG（定价） AS 平均价格
FROM 图书信息
WHERE 图书类别 IN（'计算机','电子','英语'）
GROUP BY 图书类别

【例 6-33】 在"图书信息"表中，找出所有类别图书中的平均价格大于 20 元的图书类别信息，结果如图 6-30 所示。

查询语句如下：

SELECT 图书类别, AVG（定价） AS 平均价格
FROM 图书信息
GROUP BY 图书类别
HAVING AVG（定价）>20

图 6-30　HAVING 筛选

注意：WHERE 子句是对表中的记录进行筛选，而 HAVING 子句是对组内的记录进行筛选，在 HAVING 子句中可以使用集合函数，并且其统计运算的集合是组内的所有列值，而WHERE 子句中不能使用集合函数。

6.2.3　COMPUTE 子句

1．COMPUTE 子句

使用 COMPUTE 子句，允许同时浏览查询所得的各字段数据的细节以及统计各字段数据所产生的总和。它既可以计算数据分类后的和，又可以计算所有数据的总和。语法格式为：

COMPUTE 集合函数

【例 6-34】 在"图书信息"表中，检索"图书类别"为"计算机"的记录，并求出最高价、最低价以及平均价，结果如图 6-31 所示。

查询语句如下：

图 6-31　compute 子句

```
SELECT 图书名称, 图书类别, 定价
FROM 图书信息
WHERE 图书类别='计算机'
COMPUTE MAX（定价）, MIN（定价） ,AVG（定价）
```

2．COMPUTE BY 子句

使用 COMPUTE BY 子句，它对 BY 后面给出的列进行分组显示，并计算该列的分组小计。其语法格式如下：

```
COMPUTE 集合函数 BY 分类表达式
```

注意:

1）COMPUTE 或 COMPUTE BY 子句中的表达式，必须出现在选择列表中，并且必须将其指定为与选择列表中的某个表达式完全一样，不能使用在选择列表中指定的列的别名。

2）在 COMPUTE 或 COMPUTE BY 子句中，不能指定为 ntext、text 和 image 数据类型。

3）如果使用 COMPUTE BY，则必须也使用 ORDER BY 子句。表达式必须与在 ORDER BY 后列出的子句相同或是其子集，并且必须按相同的序列。例如，如果 ORDER BY 子句是：ORDER BY a,b,c 则 COMPUTE 子句可以是下面的任意一个。即：

- COMPUTE BY a,b,c
- COMPUTE BY a,b
- COMPUTE BY a

4）在 SELECT INTO 语句中不能使用 COMPUTE。因此，任何由 COMPUTE 生成的计算结果不出现在用 SELECT INTO 语句创建的新表内。

【例 6-35】 从"图书信息"表中检索记录，列出每本书的定价以及每类书的最高价、最低价、平均价，如图 6-32 所示。

查询语句如下：

```
SELECT 图书名称, 图书类别, 定价
FROM 图书信息
ORDER BY 图书类别
COMPUTE  AVG（定价）,MAX（定价）,MIN（定价）
BY 图书类别
```

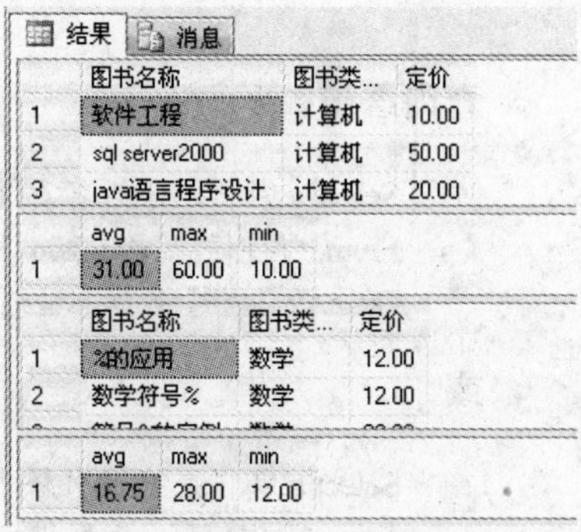

图 6-32 compute by 子句

6.3 使用 SELECT 进行多表数据检索

前面的所有查询都是针对一张表进行的，但是在实际的工作中，所查询的内容往往涉及多张表。通过使用各种联接（JOIN）运算建立表之间的联接，就可以获得由两个或更多表组成的结果集，即可以进行多表数据查询。

联接查询的目的是通过加载联接字段条件将多个表联接起来，以便从多个表中检索用户所需要的数据。在 SQL Server 中联接查询类型分为内联接、外联接、交叉联接、自联接。联接条件可在 FROM 或 WHERE 子句中指定，建议在 FROM 子句中指定联接条件。WHERE

和 HAVING 子句也可以包含搜索条件，以进一步筛选联接条件所选的行。

6.3.1 内联接

内联接也叫自然联接，它是组合两个表的常用方法。内联接使用比较运算符，根据每个表共有的列的值匹配两个表中的行。表的联接条件经常采用"主键=外键"的形式。内联接有以下两种语法格式：

1）SELECT 列名列表 FROM 表名 1 [INNER] JOIN 表名 2 ON 表名 1.列名=表名 2.列名

2）SELECT 列名列表 FROM 表名 1, 表名 2 WHERE 表名 1.列名=表名 2.列名

当 FROM 子句中指定了两个表，而这两个表又有同名字段，则使用这些字段时应在其字段名前冠以表名，以示区别。例如，"学生信息"表和"租借信息"表中都有"借书证号"字段，当要选取"学生信息"表中的"借书证号"字段时，就要在字段列表中写上"学生信息.借书证号"（或用别名.借书证号）。

【例 6-36】 查询借书学生的借书证号、姓名以及所借阅图书的编号、借书日期、还书日期，结果如图 6-33 所示。

	借书证号	姓名	图书编	借书日期	还书日期
1	00002	李洪	100004	2006-04-09 00:00:00.000	2007-02-09 00:00:00.000
2	00003	王红	100001	2009-01-03 00:00:00.000	NULL
3	00001	王大力	100002	2009-02-09 00:00:00.000	NULL
4	00001	王大力	100003	2009-03-02 00:00:00.000	NULL

图 6-33　两表内联接

查询语句如下：

Select a.借书证号,姓名,图书编号,借书日期,还书日期
From 学生信息 as a join 租借信息 as b
On a.借书证号=b.借书证号

或

Select a.借书证号,姓名,图书编号,借书日期,还书日期
From 学生信息 a, 租借信息 as b
where a.借书证号=b.借书证号

【例 6-37】 查询借书学生的姓名、图书名称、借书日期、还书日期，结果如图 6-34所示。

	姓名	图书名称	借书日期	还书日期
1	李洪	java语言程序设计	2006-04-09 00:00:00.000	2007-02-09 00:00:00.000
2	王红	软件工程	2009-01-03 00:00:00.000	NULL
3	王大力	sql server2000	2009-02-09 00:00:00.000	NULL
4	王大力	音乐鉴赏	2009-03-02 00:00:00.000	NULL

图 6-34　三表内联接

查询语句如下：

```
SELECT 姓名, 图书名称, 借书日期, 还书日期
FROM 学生信息 as a join 租借信息 as b
On a.借书证号=b.借书证号
Join 图书信息 as c
On b.图书编号=c.图书编号
```

或

```
SELECT 姓名, 图书名称, 借书日期, 还书日期
FROM 学生信息 a,租借信息 b,图书信息 c
Where a.借书证号=b.借书证号 and b.图书编号=c.图书编号
```

6.3.2 外联接

外联接分为左外联接、右外联接和完全外联接。

1. 左外联接

语法格式为：

```
SELECT 列名列表 FROM 表名1 AS A LEFT [OUTER] JOIN 表名2 AS B
ON A. 列名=B. 列名
```

左外联接的结果集包括 LEFT OUTER 子句中指定的左表的所有行，而不仅仅是与联接列所匹配的行。如果左表的某行在右表中没有匹配行，则在相关联的结果集行中右表的所有选择列均为空值。

【例 6-38】 查询所有学生的借书信息，结果如图 6-35 所示。

	借书证号	姓名	学号	性	班级	电话	借书册	借阅	借书证
1	00001	王大力	20020101	男	2002-02	123456	5	10003	00001
2	00001	王大力	20020101	男	2002-02	123456	5	10004	00001
3	00002	李洪	20020102	男	2002-02	111123	6	10001	00002
4	00003	王红	20020103	女	2002-03	554122	9	10002	00003
5	00004	于双	20020104	女	2003-03	552266	4	NULL	NULL

图 6-35 左外联接

查询语句如下：

```
SELECT *
FROM 学生信息 AS A LEFT JOIN 租借信息 AS B
ON a.借书证号=b.借书证号
```

执行查询时，先从左表取出一条记录，然后与右表中的所有记录按"借书证号"进行比较。若有相同的值，则将右表中的这条记录与左表此记录组合成一条记录，直到左表这条记录与右表全部记录比较完，右表有几条与左表相同的记录，就形成几条记录。

再从左表取出第 2 条记录，与右表全部记录进行比较，重复前面过程，找出与左表第 2 条记录相匹配的右表中的记录（借书证号相同），依此类推，找出左表与右表全部匹配的记

录。若左表"学生信息"表中某个学生没有借过书，则这个学生的数据行的"租借信息"表中的各字段均为空值。

2. 右外联接

语法格式为：

SELECT 列名列表 FROM 表名1 AS A RIGHT [OUTER] JOIN 表名2 AS B ON A.列名=B. 列名

右外联接是左外联接的反向联接。右外联接的结果集包括 RIGHT OUTER 子句中指定的右表的所有行，而不仅仅是与联接列所匹配的行。如果右表的某行在左表中没有匹配行，则在相关联的结果集行中左表的所有选择列均为空值。

【例6-39】 查询所有学生的借书信息，结果如图6-36所示。

```
SELECT *
FROM  租借信息 AS A right JOIN 学生信息 AS B
ON a.借书证号=b.借书证号
```

	借阅号	借书证	图书	借书日期	还书日期	罚金	借书证	姓名
1	10003	00001	1000...	2009-02-0...	NULL	NULL	00001	王大力
2	10004	00001	1000...	2009-03-0...	NULL	NULL	00001	王大力
3	10001	00002	1000...	2006-04-0...	2007-02-0...	10.0	00002	李洪
4	10002	00003	1000...	2009-01-0...	NULL	NULL	00003	王红
5	NULL	NULL	NULL	NULL	NULL	NULL	00004	于双

图6-36 右外联接

3. 完全外联接

语法格式如下：

SELECT 列名列表 FROM 表名1 AS A FULL [OUTER] JOIN 表名2 AS B
ON A. 列名=B. 列名

完全外联接返回左表和右表中的所有行。当某行在另一个表中没有匹配行时，则另一个表的选择列表列包含空值。如果表之间有匹配行，则整个结果集行包含左表和右表的数据值。

6.3.3 交叉联接

交叉连接也叫非限制连接，它是将两个表不加任何约束地组合起来，也就是将第1个表的所有行分别与第2个表的每行形成一条新的记录，连接后该结果集的行数等于两个表的行数积，列数等于两个表的列数和。在数学上，就是两个表的笛卡尔积，在实际应用中一般是没有意义的，但在数据库的数学模式上有重要的作用。

语法结构如下：

（1）SELECT 列名列表 FROM 表名1 CROSS JOIN 表名2

（2）SELECT 列名列表 FROM 表名1， 表名2

【例 6-40】 对学生信息表和租借信息表进行交叉联接，结果如图 6-37 所示。

	借书证号	姓名	学号	性	班级	电话	借书册	借阅	借书证
1	00001	王大力	20020101	男	2002-02	123456	5	10001	00002
2	00002	李洪	20020102	男	2002-02	111123	2	10001	00002
3	00003	王红	20020103	女	2002-03	554122	9	10001	00002
4	00004	于双	20020104	女	2003-03	552266	4	10001	00002
5	00001	王大力	20020101	男	2002-02	123456	5	10002	00003
6	00002	李洪	20020102	男	2002-02	111123	6	10002	00003

图 6-37　交叉联接

查询语句如下：

Select * from 学生信息 cross join 租借信息

6.3.4　自联接

联接操作不仅可以在不同的表上进行，也可以在同一张表内进行自身连接，即将同一个表的不同行连接起来。自连接可以看做一张表的两个副本之间的连接。表名在 FROM 子句中出现两次，必须对表指定不同的别名，在 SELECT 子句中引用的列名也要使用表的别名进行限定，使之在逻辑上成为两张表。

【例 6-41】 显示"图书信息"表中"图书名称"相同，但作者不同的图书信息，结果如图 6-38 所示。

查询语句如下：

SELECT DISTINCT a.图书名称,a.作者
FROM 图书信息 AS A JOIN 图书信息 AS B
ON a.图书名称=b.图书名称
WHERE a.作者<>b.作者

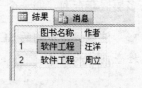

	图书名称	作者
1	软件工程	汪洋
2	软件工程	周立

图 6-38　自联接

6.3.5　合并查询

合并查询也称联合查询，是将两个或两个以上的查询结果合并，形成一个具有综合信息的查询结果。使用 UNION 语句可以把两个或两个以上的查询结果集合为一个结果集。

其语法格式如下：

查询语句

UNION [ALL]

查询语句

注意：

1）联合查询是将两个表（结果集）顺序连接。

2）UNION 中的每一个查询所涉及到的列必须具有相同的列数、相同位置的列的数据类型要相同。若长度不同，以最长的字段作为输出字段的长度。

3）最后结果集中的列名来自第一个 SELECT 语句。

4）最后一个 SELECT 查询可以带 ORDER BY 子句，对整个 UNION 操作结果集起作用，且只能用第一个 SELECT 查询中的字段作排序列。

5）系统自动删除结果集中重复的记录，除非使用 ALL 关键字。

【例 6-42】 假如有 3 个表"计算机类图书"、"数学类图书"、"艺术类图书"分别存放图书类别为"计算机"、"数学"、"艺术"的图书相关信息，3 个表的结构完全相同，把 3 个表的查询记录综合到一个查询结果中。

查询语句如下：

```
Select * from 计算机类图书
Union
Select * from 数学类图书
Union
Select * from 艺术类图书
```

6.4 子查询

子查询是一个嵌套在 SELECT、INSERT、UPDATE 或 DELETE 语句或其他子查询中的查询。在 SELECT、INSERT、UPDATE 或 DELETE 命令中允许是一个表达式的地方均可以使用子查询。当从表中选取数据行的条件依赖于该表本身或其他表的联合信息时，需要使用子查询来实现。子查询也称为内部查询，而包含子查询的语句称为外部查询。SQL 语言允许多层嵌套查询，即一个子查询中还可以嵌套其他子查询。

注意： 子查询的 SELECT 语句中不能使用 ORDER BY 子句，ORDER BY 子句只能对最终查询结果排序。

6.4.1 嵌套子查询

嵌套子查询的执行不依赖于外部嵌套，其一般的求解方法是由里向外处理，即每个子查询在上一级查询处理之前求解，子查询的结果用于建立其父查询的查找条件。

1. 在 where 条件中使用比较运算符的子查询

比较测试中的子查询是指父查询与子查询之间用比较运算符进行连接，但是用户必须确切地知道子查询返回的是一个单值，否则数据库服务器将报错。返回的单个值被外部查询的比较操作（如：=、!=、<、<=、>、>=）使用，该值可以是子查询中使用集合函数得到的值。

【例 6-43】 查询"图书信息"表中，所有定价低于平均定价的图书，结果如图 6-39 所示。

	图书名称	图书类...	作者	出版社名称	定价
1	软件工程	计算机	汪洋	电子出版社	10.00
2	音乐鉴赏	艺术	张海红	北京出版社	23.00
3	java语言程序设计	计算机	张魁	机械出版社	20.00
4	数学习题	数学	李强	电子出版社	15.00
5	实用软件工程	计算机	吴明	高教出版社	12.00
6	%的应用	数学	邱磊	高教出版社	12.00
7	数学符号%	数学	周鸽	西电出版社	12.00

图 6-39 使用比较运算符的子查询

查询语句如下：

```
SELECT 图书名称, 图书类别, 作者, 出版社名称, 定价
FROM 图书信息
WHERE 定价<（SELECT AVG（定价） AS 平均价格  FROM 图书信息）
```

2. 在 where 条件中使用 in 的子查询

使用 in 的子查询是指父查询与子查询之间用 IN 或 NOT IN 进行连接，判断某个属性列值是否在子查询的结果中，通常子查询的结果是一个集合。IN 表示属于，即外部查询中用于判断的表达式的值与子查询返回的值列表中的一个值相等；NOT IN 表示不属于。

【例 6-44】 查询被读者借过的图书信息，结果如图 6-40所示。

查询语句如下：

```
SELECT 图书编号, 图书名称
FROM  图书信息
WHERE 图书编号 IN （SELECT 图书编号 FROM 租借信息）
```

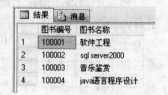

图 6-40 使用 in 的子查询

3. 在 where 条件中使用 ANY 或 ALL 修饰比较运算符的子查询

（1）使用 ANY 关键字的比较测试

通过比较运算符将一个表达式的值或列值与子查询返回的一列值中的每一个进行比较，只要有一次比较的结果为 TRUE，则 ANY 测试返回 TRUE。

【例 6-45】 在"图书信息"表中，找出"计算机"类的图书中定价比"数学"类的最低定价高的图书信息。

查询语句如下：

```
SELECT 图书名称,图书类别,出版社名称,定价
FROM 图书信息
WHERE 图书类别='计算机' AND 定价> ANY
（SELECT 定价 FROM 图书信息 WHERE 图书类别='数学'）
```

（2）使用 ALL 关键字的比较测试

通过比较运算符将一个表达式的值或列值与子查询返回的一列值中的每一个进行比较，只要有一次比较的结果为 FALSE，则 ALL 测试返回 FALSE。

【例 6-46】 在"图书信息"表中，找出"计算机"类的图书中定价比"数学"类的最高定价还高的图书信息。

查询语句如下：

```
SELECT 图书名称, 图书类别, 出版社名称, 定价
FROM 图书信息
WHERE 图书类别='计算机' AND 定价> ALL
（ SELECT  定价 FROM  图书信息 WHERE  图书类别='数学'）
```

（3）ANY 和 ALL 的区别（见表 6-3）

表 6-3　ANY 与 ALL 的比较

ALL	执 行 条 件	ANY	执 行 条 件
>ALL（1,2,3,4）	大于 4	>ANY（1,2,3,4）	大于 1
<ALL（1,2,3,4）	小于 1	<ANY（1,2,3,4）	小于 4
=ALL（1,2,3,4）	全部等于	=ANY（1,2,3,4）	满足其中一个即可
<>ALL（1,2,3,4）	全部不等于	<>ANY（1,2,3,4）	显示全部数据 4 个值

6.4.2　相关子查询

相关子查询是指在子查询中，子查询的查询条件中引用了外层查询表中的字段值。相关子查询的结果集取决于外部查询当前的数据行，这一点是与嵌套子查询不同。嵌套子查询和相关子查询在执行方式上也有不同，嵌套子查询的执行顺序是先内后外，即先执行子查询，然后将子查询的结果作为外层查询的查询条件的值，而在相关子查询中，首先选取外层查询表中的第 1 行记录，内层的子查询则利用此行中相关的字段值进行查询，然后外层查询根据子查询返回的结果判断此行是否满足查询条件。如果满足查询条件，则把该行放入外层查询结果集中，重复执行这一过程，直到处理完外层查询表中的每一行数据。通过对相关子查询执行过程的分析可知，相关子查询的执行次数是由外层查询的行数决定的。

【例 6-47】　查询"图书信息"表中大于该类图书定价平均值的图书信息，结果如图 6-41 所示。

查询语句如下：

SELECT 图书名称, 出版社名称, 定价, 图书类别
FROM 图书信息 AS a
WHERE 定价>
（SELECT AVG（定价）　FROM 图书信息 AS b　WHERE a.图书类别=b.图书类别）

可以在 where 条件中使用 exists 或 not exists 来进行相关子查询。使用 EXISTS 关键字引入一个子查询时，相当于进行一次存在测试，外部查询的 WHERE 子句测试子查询返回的行是否存在。子查询实际上不产生任何数据，它只返回 TRUE 或 FALSE。

【例 6-48】　利用 EXISTS 查询所有借过图书的信息，结果如图 6-42 所示。

图 6-41　相关子查询　　　　　　图 6-42　使用 EXISTS 的子查询

查询语句如下：

SELECT 图书信息.图书编号,图书名称,作者
FROM 图书信息
WHERE EXISTS　（SELECT * FROM 租借信息 WHERE 租借信息.图书编号=图书信息.图书编号）

6.5 数据导入和导出

SQL Server 2005 提供了一个数据导入导出的工具，这是一个向导程序，用于在不同的 SQL Server 服务器之间以及 SQL Server 与其他类型的数据库或数据文件之间进行数据交换。

6.5.1 SQL Server 与 Excel 的数据格式转换

1. SQL Server 导出到 Excel

【例 6-49】 将"学生图书管理系统"中"图书信息"表的数据导出到 Excel 中。

1）启动 SQL Server Management Studio 工具，在"对象资源管理器"中展开"数据库"树形目录，用鼠标右键单击"学生图书管理系统"数据库，在弹出的快捷菜单中选择"任务"→"导出数据"命令，弹出"SQL Server 导入和导出向导"对话框，单击"下一步"按钮。

2）在"选择数据源"对话框中，"数据源"下拉列表框中选择"Microsoft OLE DB Provider for SQL Server"，在"服务器名称"下拉列表框中选择或输入服务器的名称，选择身份验证模式和数据库名称，如图 6-43 所示。

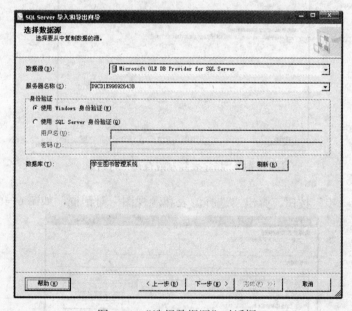

图 6-43 "选择数据源"对话框

3）单击"下一步"按钮，弹出"选择目标"对话框。在"目标"下拉列表中选择目标数据库格式为 Microsoft Excel，在"Excel 文件路径"文本框中输入目标数据库的文件名和路径，如"E:\sql\excel 转换.xls"，如图 6-44 所示。

4）单击"下一步"按钮，弹出"指定表复制或查询"对话框，如图 6-45 所示。

若要把整个源表全部复制到目标数据库中，选中"复制一个或多个表或视图的数据"单选按钮，若只想使用一个查询将指定数据复制到目标数据库中，选中"编写查询以指定要传输的数据"单选按钮。

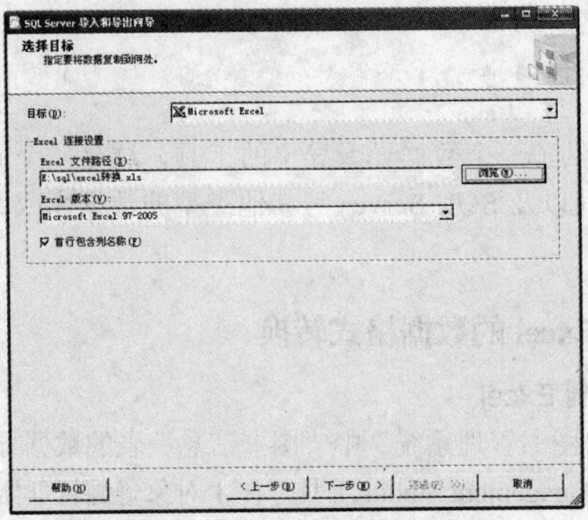

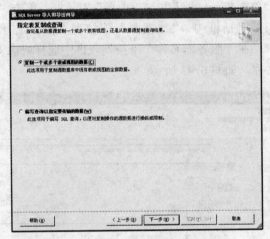

图 6-44 "选择目标"对话框

图 6-45 "指定表复制或查询"对话框

5）单击"下一步"按钮，弹出"选择源表和源视图"对话框，如图 6-46 所示。

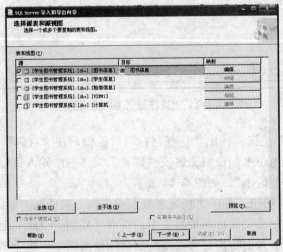

图 6-46 "选择源表和源视图"对话框

6）单击"下一步"按钮，弹出"保存并执行包"窗口，选中"立即执行"，如图 6-47 所示。

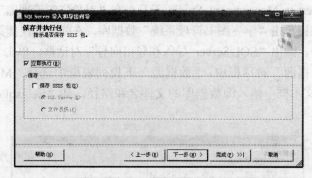

图 6-47 "保存并执行包"对话框

7）单击"下一步"按钮，弹出"完成该向导"对话框，如图 6-48 所示。

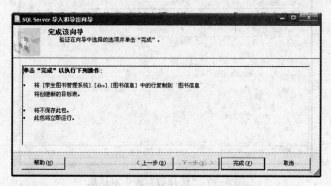

图 6-48 "完成该向导"对话框

8）单击"完成"按钮，开始执行数据的导出操作，出现如图 6-49 所示的对话框。

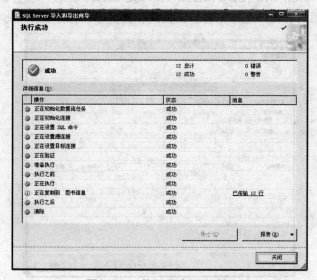

图 6-49 "执行成功"对话框

2. 导入数据

【例6-50】 将【例6-49】中 Excel 转换.xls 中的表导入到 SQL Server 中。

1）启动 SQL Server Management Studio 工具，在"对象资源管理器"中展开"数据库"树形目录，用鼠标右键单击"学生图书管理系统"数据库，在弹出的快捷菜单中选择"任务"→"导入数据"命令，弹出"SQL Server 导入和导出向导"对话框，单击"下一步"按钮。

2）在"选择数据源"对话框中，"数据源"下拉列表框中选择"Microsoft Excel"，在"Excel 文件路径"文本框中输入源数据库的文件名和路径，如"E：\sql\excel 转换.xls"，如图6-50所示。

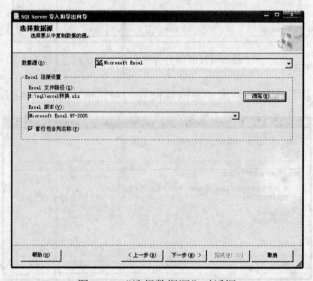

图6-50 "选择数据源"对话框

3）单击"下一步"按钮，弹出"选择目标"对话框。在"目标"下拉列表中选择目标数据库格式为"Microsoft OLE DB Provider for SQL Server"，在"服务器名称"下拉列表框中选择或输入服务器的名称，选择身份验证模式和数据库名称，如图6-51所示。

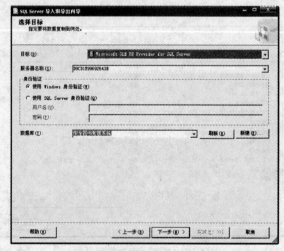

图6-51 "选择目标"对话框

4）单击"下一步"按钮，选择要复制的表，单击"下一步"按钮直至完成。

6.5.2 SQL Server 与 Access 的数据格式转换

数据转换之前，先使用 Access 软件建立一个 Access 的空文件 E:\sql\Access 数据转换.mdb，不需要建立任何表或视图。

SQL Server 与 Access 之间的数据转换与 SQL Server 和 Excel 之间导入导出相似，只是数据源的格式为"Microsoft Access"，如图 6-52 所示。

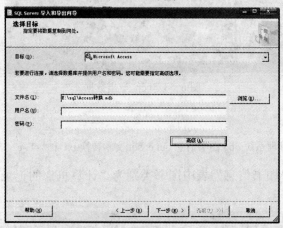

图 6-52　选择 Access 目标

6.5.3　bcp 实用工具

实用工具 bcp 能够将大容量数据从 SQL Server 表导出到数据文件中，从查询导出大容量数据，将大容量数据从数据文件导入到 SQL Server 表中。bcp 工具可以通过 bcp 命令访问。

语法格式如下：

```
bcp {[[数据库名.][拥有者].]{表名或视图名} | "query"}
{in | out | queryout | format} 数据文件及其完整路径
[-c]
[-t 间隔符]
[-T]
[-S 服务器名[\实例名]] [-U 登录 id] [-P 密码]
```

参数说明：

in：是从文件复制到数据库表或视图。

out：是指从数据库表或视图复制到文件。

queryout：只有从查询中大容量复制数据时，才必须指定。

-S：服务器名[\实例名]，指定要连接到的 SQL Server 实例。

-U：登录 id，指定用于连接到 SQL Server 的登录 ID。

-P：密码，指定登录 ID 的密码。

-T：指定 bcp 使用网络用户的安全凭据，通过信任连接到 SQL Server。不需要登录名和密码。

1. 导出数据

【例 6-51】 将数据库"学生图书管理系统"中"图书信息"表中的数据导出到文本文件"E:\文本转换.txt"中，各列间的分割符为"|"，结果如图 6-53 所示。

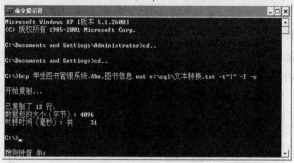

图 6-53　bcp 导出数据

导出语句如下：

```
bcp 学生图书管理系统.dbo.图书信息 out e:\sql\文本转换.txt -t"|" -T -c
```

【例 6-52】 将"图书信息"表中图书类别为"计算机"的记录导出到文本转换 2.txt 中，结果如图 6-54 所示。

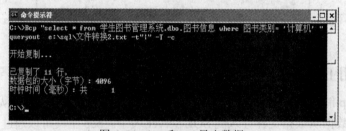

图 6-54　bcp 和 sql 导出数据

导出语句如下：

```
Bcp "select * from 学生图书管理系统.dbo.图书信息 where 图书类别= '计算机' " queryout e:\sql\
文件转换 2.txt -t"|" -T -c
```

2. 导入数据

【例 6-53】 新建文本文件"e:\sql\文件转换 3.txt"，在其中以文本转换 2.txt 的格式输入一些数据，将这些记录批量导入到"学生图书管理系统"数据库"图书信息"表中，执行结果如图 6-55 所示。

图 6-55　bcp 导入数据

导入语句如下：

bcp 学生图书管理系统.dbo.图书信息 in e:\sql\文本转换 3.txt -t"|" -T -c

6.6 实训 查询数据

6.6.1 实训目的

1）熟练掌握 SELECT 语句的语法格式。

2）掌握联接的几种方法。

3）掌握子查询的表示和执行。

4）能够对 SELECT 查询结果进行分组、排序及统计。

6.6.2 实训内容

利用第 3、4 章实训中创建的"学生成绩管理系统"数据库及表，做如下查询操作：

1）列出全部学生的信息。

2）列出"软件"专业全部学生的学号，姓名，班级。

3）列出课程编号为"001"、"003"、"004"的全体学生的学号、姓名、成绩。

4）查询学生表中，姓"李"，"王"，"张"，"陈"的学生的基本信息。

5）列出课程编号为"001"的这门课中，成绩在[60，80]的学生的学号、姓名、课程编号、课程名称、成绩，并按成绩由高到低列出。

6）查找"成绩表"中，课程编号为"001"的成绩高于平均分的所有学生的学号、姓名、课程名称、成绩。

7）列出各科的平均成绩、最高成绩、最低成绩和选课人数。

8）查询没有选修任何课程的学生姓名。

9）在成绩表中，找出课程编号为"002"的这门课程的所有学生的分数以及最高分、最低分和平均分。

10）查找"成绩表"中，高于各门课程平均分的学生信息。

11）在"成绩表"中录入一个学生的课程成绩。

12）修改姓名为"王莉"的学生的成绩。

6.7 实训 导入/导出数据

6.7.1 实训目的

1）能够将数据在 SQL Server 系统和 Access 系统之间进行转换。

2）能够将数据在 SQL Server 系统和文本文件之间进行转换。

3）能够将数据在 SQL Server 系统和 Excel 表格之间进行转换。

6.7.2　实训内容

1）将"学生成绩管理系统"数据库附加到自己的服务器上，新建一个数据库，名字为"数据转换"。

2）利用导入功能，将"学生成绩管理系统"数据库中的"学生表"导入"数据转换"数据库。

3）新建一个 Access 数据库"acc"，在其中建一个表'练习'，输入一些数据，然后将其导入"数据转换"数据库。

4）利用导出功能和 SQL 语句将"学生"数据库的"学生表"中所有"女同学"的信息导出到 Access 数据表中，取名为"女生表"。

5）利用导出功能将"课程表"内容转换成 Excel 表格形式。

6）新建一个文本文件，内容自定，以逗号为分隔符，将文本内容导入"数据转换"数据库。

7）利用 bcp 工具将"学生成绩管理系统"数据库的"学生表"和"成绩表"中所有"男同学"的姓名、学号、专业、成绩这几个字段导出到文本文件中，取名为"男生成绩表"。

6.8　本章知识框架

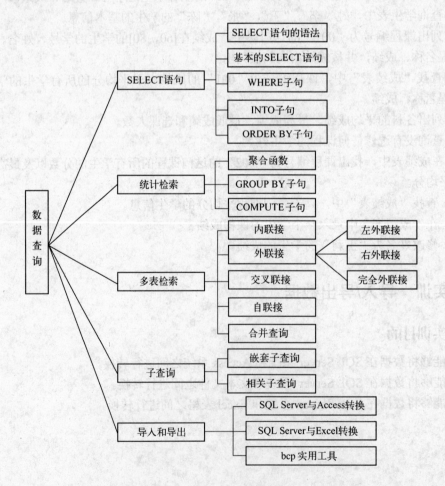

6.9 习题

1. SELECT 语句由哪些子句构成？其作用是什么？
2. 通配符有几种？各代表什么含义？
3. SQL 中常用的统计函数是什么？各能作用于什么数据类型？
4. 外联接有几种，各自的特点是什么？
5. 简述嵌套子查询和相关子查询的特点及查询语句的执行过程。
6. 数据导入导出的含义是什么？

第 7 章　Transact-SQL 编程

知识目标

- 掌握 Transact-SQL 的特性
- 掌握 Transact-SQL 的基本语法结构与基本应用

技能目标

- 理解批处理的概念
- 了解变量的定义与赋值
- 在查询语句中使用基本函数
- 使用 SQL Server 基本函数编写 SQL 语句

7.1　Transact-SQL 概述

SQL 全称是"结构化查询语言（Structured Query Language）"，SQL 是一种通用标准的数据库查询和程序设计语言，用于存取数据以及查询、更新和管理关系数据库系统。

Transact-SQL（又称 T-SQL）是微软公司在 SQL Server 中对 SQL 的扩展，具有 SQL 的主要特点，同时增加了变量、运算符、函数、流程控制和注释等语言元素，使其功能更加强大。Transact-SQL 对 SQL Server 十分重要，SQL Server 中使用图形界面能够完成的所有功能，都可以利用 Transact-SQL 来实现。使用 Transact-SQL 操作时，与 SQL Server 通信的所有应用程序都通过向服务器发送 Transact-SQL 语句来进行，而与应用程序的界面无关。

Transact-SQL 是 ANSI 标准 SQL 数据库查询语言的一个强大的实现。根据其完成的具体功能，可以将 Transact-SQL 语句分为 4 大类，分别为数据定义语句、数据操作语句、数据控制语句和一些附加的语言元素。

7.2　批处理及注释

7.2.1　批处理

批处理是包含一个或多个 Transact-SQL 语句的组，这些语句被应用程序作为一个整体提交给服务器，并在服务器端作为一个整体执行。

使用 GO 命令可以将批处理作为一个执行单元发送给 SQL Server 执行。

【例 7-1】 建立一个简单的批处理。

```
USE  学生图书管理系统
GO
CREATE TABLE  图书
(
图书名称  varchar（20）  not null,
作者  varchar（12）
)
GO
INSERT INTO  图书 VALUES   ('数据库技术','张阳')
GO
```

建立批处理时应注意以下几项：

- CREATE DEFAULT、CREATE FUNCTION、CREATE PROCEDURE、CREATE RULE、CREATE SCHEMA、CREATE TRIGGER 和 CREATE VIEW 语句不能在批处理中与其他语句组合使用，但 CREATE DATEBASE、CREATE TABLE 和 CREATE INDEX 例外。
- 不能在删除一个对象之后，在同一批处理中再次引用这个对象。
- 不能把规则和默认值绑定到表字段或者自定义字段上之后，立即在同一批处理中使用它们。
- 不能定义一个 CHECK 约束之后，立即在同一个批处理中使用。
- 不能修改表中一个字段名之后，立即在同一个批处理中引用这个新字段。
- 使用 SET 语句设置的某些 SET 选项不能应用于同一个批处理中的查询。
- 如果 EXECUTE 语句是批处理中的第一句，则不需要 EXECUTE 关键字。如果 EXECUTE 语句不是批处理中的第一条语句，则需要 EXECUTE 关键字。

批处理出现错误时 SQL Server 的处理方式：

SQL Server 是以批处理为处理单位，当批处理中的语句有错误时，会根据不同情况采用以下处理方式。

1）如果批处理中的语句出现编译错误（比如语法错误），那么将不能生成执行计划，批处理中的任何一个语句都不会被执行。

2）如果批处理编译无误而开始执行后，若遇到较严重的执行错误（例如，找不到指定的数据表），则会终止执行而返回错误信息。此时除了造成执行错误的语句外，排在此语句后面的所有语句也都不会执行，但之前已经正确执行的语句则不会被取消。

3）如果执行中发生轻微错误（例如，在添加或修改数据时违反数据表的约束），则只会取消该错误语句的执行，而该语句之后的语句仍会继续执行。

4）每个批处理都是独立执行的，并不会相互影响，即无论前一个批处理是否正确执行，下一个批处理仍会继续执行。

7.2.2 注释

注释是程序代码中不执行的文本字符串。它起到注解说明代码或暂时禁用正在进行诊断调试的部分语句和批处理的作用。注释能使得程序代码更易于维护和被读者所理解。

SQL Server 支持两种形式的注释语句：

- 行内注释。
- 块注释。

1. 行内注释

语法格式：

```
-- text_of_comment
```

说明：

- text_of_comment：包含注释文本的字符串。

【例7-2】 利用行内注释对 T-SQL 语句作出解释说明。

```
--选择数据库【学生图书管理系统】
USE  学生图书管理系统
--检索显示【图书信息】表中的所有记录
SELECT * FROM   图书信息
```

2. 块注释

语法格式：

```
/ * text_of_comment * /
```

说明：

- text_of_comment：包含注释文本的字符串。

【例7-3】 利用块注释对 T-SQL 语句作出解释说明。

```
/*  选择学生图书管理系统数据库
显示图书信息表中所有的记录
*/
USE  学生图书管理系统
SELECT *  FROM  图书信息
```

7.3 变量

在 Transact-SQL 中，变量属于标识符的一种，就像每个人都要有个名字一样，在 SQL Server 中，每一项对象也都要有一个作为标识用的名称，这就是标识符。例如，数据库名称、数据表名称、字段名称、变量名等，这些名称统称为标识符。

变量的定义命名要符合标识符的命名规则。

1）可用做标识符的字符。

- 英文字符：A~Z 或 a~z，在 SQL 中是不用区分大小写的。
- 数字：0~9，但数字不得作为标识符的第一个字符。
- 特殊字符：_、#、@、$，但$不得作为标识符的第一个字符。
- 特殊语系的合法文字：例如，中文文字也可作为标识符的合法字符。

2）标识符不能是 SQL 的关键词。例如，"table"、"TABLE"、"select"、"SELECT"等

都不能作为标识符。

3）不允许嵌入空格或_、#、@、$之外的其他特殊字符。

4）若对象名称不符合上述规则，只要在名称的前后加上中括号，该名称就变成合法标识符了。

5）标识符的长度可以是 1～128 个字符。

6）标识符的第一个字符必须为英文字母、汉字、下划线、@或者#。

7.3.1 变量的定义

SQL Server 中的变量可以分为两大类：全局变量和局部变量。

1. 全局变量

全局变量以@@开头，由系统定义和维护，不能由用户创建，对用户来说是只读的，大部分的全局变量记录了 SQL Server 服务器的当前状态信息。全部变量是不可以赋值的。

下面是一些常用的全局变量。

- @@ERROR：其值为最后一次执行错误的 SQL 语句产生的错误代码。
- @@MAX_CONNECTIONS：其值为 SQL Server 允许多用户同时连接的最大数。
- @@CONNECTIONS：SQL Server 最近一次启动后已连接或尝试连接的次数。
- @@VERSION ：本地 SQL Server 服务器的版本信息。
- @@CURSOR_ROWS：已打开游标中当前存在的记录行数。
- @@FETCH_STATUS：得到游标的当前状态。
- @@ROWCOUNT：前一条命令处理的行数。

【例 7-4】 使用全局变量@@ROWCOUNT，运行结果如图 7-1 所示。

```
USE 学生图书管理系统
SELECT * FROM 图书信息
WHERE 图书类别='计算机'
IF @@ROWCOUNT<>0
PRINT '找到记录'
GO
```

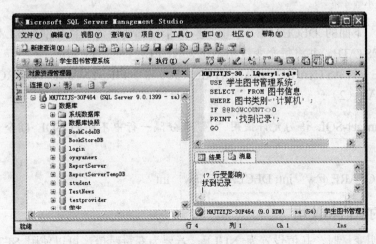

图 7-1 查询编辑运行结果

2．局部变量

局部变量以@开头，由用户定义和赋值，指在 T-SQL 批处理和脚本中用来保存数据值的对象。此外，还允许用 TABLE 数据类型的局部变量来代替临时表。

局部变量的作用域是在一个批处理、一个存储过程或一个触发器内，其生命周期从定义开始到它遇到的第一个 GO 语句或者到存储过程、触发器的结尾结束，即局部变量只在当前的批处理、存储过程、触发器中有效。

定义局部变量：

语法：

DECLARE　　@变量名　　数据类型[（长度）]　[，…n]

说明：

- DECLARE 关键字用于声明局部变量。
- 局部变量名称前面必须加上字符"@"用于表明该变量为局部变量。
- 变量名必须符合标识符的构成规则。
- 变量的数据类型可以是系统类型，也可以是用户自定义类型，但不允许是 TEXT、NTEXT、IMAGE 类型。
- 系统固定长度的数据类型不需要指定长度。
- 若要声明多个局部变量，在定义的第一个局部变量后使用一个逗号，然后指定下一个局部变量名称和数据类型。

【例 7-5】 下面使用 DECLARE 语句创建局部变量。

```
DECLARE @MyCounter int;
DECLARE   @NAME   CHAR（6）；
-- 定义@NAME 为长度为 6 的字符型
DECLARE   @家庭住址   VARCHAR（30）
-- 定义长度为 30 的变长字符型
DECLARE   @R   INT，@S   DECIMAL（8.4）；
-- 定义@R 为整型，@S 为小数总长度 8 位
--其中小数 4 位
```

【例 7-6】 下面的 DECLARE 语句创建 3 个局部变量，名称分别为@LAST_NAME、@FNAME 和@STATE，并将每个变量初始化为 NULL：

DECLARE @LASTNAME NVARCHAR（30），@FIRSTNAME NVARCHAR（20），@STATE NCHAR（2）；

注意：Transact-SQL 语句允许使用"；"来分隔一行中不同的 SQL 指令。行尾后面的"；"可有可无。

例如：DECLARE @w   int; DECLARE @w   int

7.3.2　变量的赋值和使用

第一次声明变量时，其值设置为 NULL。若要为变量赋值，可以使用 SET 语句。这是

为变量赋值的首选方法，也可以通过 SELECT 语句的选择列表中当前所引用值为变量赋值。

1. 通过 SET 赋值

语法：

> SET　@局部变量= 表达式

说明：

- SET 是赋值语句关键字，说明该语句是赋值语句。
- 不能在同一个 SET 语句中给多个变量赋值。

【例 7-7】 定义局部变量@MyVariable，使用 SET 语句为其赋值：

> DECLARE @MyVariable int
> SET @MyVariable = 1

【例 7-8】 定义局部变量@MyVariable，使用 SET 语句为其赋值，检索图书信息表中定价大于 26 的记录，运行结果如图 7-2 所示。

> USE 学生图书管理系统
> DECLARE @MyVariable int
> SET @MyVariable =26
> SELECT *
> FROM 图书信息
> WHERE 定价>@MyVariable
> GO

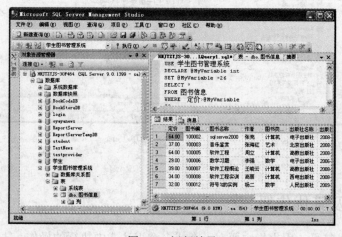

图 7-2　运行结果

2. 通过 SELECT 赋值

语法：

> SELECT @局部变量= 表达式[，…n] [FROM 表名] [WHERE 条件表达式]

说明：

- SELECT @局部变量通常用于将单个值返回到变量中。但是，如果表达式是列的名称，则可返回多个值。如果 SELECT 语句返回多个值，则将返回的最后一个值赋给变量。

- 如果 SELECT 语句没有返回行，变量将保留当前值。如果表达式是不返回值的标量子查询，则将变量设为 NULL。
- 一个 SELECT 语句可以初始化多个局部变量。

【例 7-9】 定义变量@var1，使用 SELECT 赋初值，运行结果如图 7-3 所示。

```
USE 学生图书管理系统
GO
DECLARE @var1 nvarchar（30）
SELECT @var1 = '张三'
SELECT @var1 = 作者
FROM dbo.图书信息
WHERE 图书编号 ='100002'；
SELECT @var1 '图书编号 100002 的作者为：'
GO
```

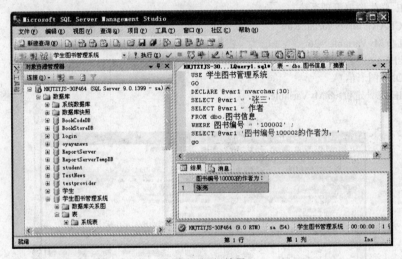

图 7-3　运行结果

7.4　运算符及其优先级

运算符是一种符号，用来指定要在一个或多个表达式中执行的操作。表 7-1 列出了 SQL Server 2005 所使用的运算符类别。

表 7-1 SQL Server 2005 运算符类别

算术运算符	逻辑运算符
赋值运算符	字符串串联运算符
按位运算符	一元运算符
比较运算符	

7.4.1 算术运算符

算术运算符对两个表达式执行数学运算。表 7-2 列出了 SQL Server 2005 所使用的算术运算符。

表 7-2 算术运算符

运　算　符	含　　义
+ （加）	加
- （减）	减
* （乘）	乘
/ （除）	除
% （取模）	返回一个除法运算的整数余数。例如，12 % 4 = 0，这是因为 12 除以 4，余数为 0

加（+）和减（-）运算符也可用于对 DATETIME 和 SMALLDATETIME 值执行算术运算。

【例 7-10】 使用 DECLARE 声明局部变量@MyVar1、@MyVar2、@MyVar3、@MyVar4、@MyVar5、@MyVar6、@MyVar7，利用 SET 语句对其赋值。

```
DECLARE @MyVar1 decimal;
DECLARE @MyVar2 decimal;
DECLARE @MyVar3 decimal,@MyVar4 decimal,@MyVar5 decimal,@MyVar6 decimal,@MyVar7 decimal;
SET @MyVar1 = 75;
SET @MyVar2 = 15;
SET @MyVar3 =@MyVar1+@MyVar2;
SET @MyVar4 =@MyVar1-@MyVar2;
SET @MyVar5 =@MyVar1*@MyVar2;
SET @MyVar6 =@MyVar1/@MyVar2;
SET @MyVar7 =@MyVar1%@MyVar2;
PRINT '局部变量@MyVar1 与局部变量@MyVar2 加运算结果：';
PRINT @MyVar3;
PRINT '局部变量@MyVar1 与局部变量@MyVar2 减运算结果：';
PRINT @MyVar4;
PRINT '局部变量@MyVar1 与局部变量@MyVar2 乘运算结果：';
PRINT @MyVar5;
PRINT '局部变量@MyVar1 与局部变量@MyVar2 除运算结果：';
PRINT @MyVar6;
PRINT '局部变量@MyVar1 与局部变量@MyVar2 取整运算结果：';
PRINT @MyVar7;
```

运行结果：

```
局部变量@MyVar1 与局部变量@MyVar2 加运算结果：
90
局部变量@MyVar1 与局部变量@MyVar2 减运算结果：
60
```

局部变量@MyVar1 与局部变量@MyVar2 乘运算结果：

1125

局部变量@MyVar1 与局部变量@MyVar2 除运算结果：

5

局部变量@MyVar1 与局部变量@MyVar2 取整运算结果：

0

7.4.2　赋值运算符

等号　（＝）　是唯一的　Transact-SQL　赋值运算符。它用来给变量赋值，也可以在 SELECT 子句中将表达式的值赋给某列的标题。

【例 7-11】　使用 DECLARE 声明局部变量@MyVar1、@MyVar2、@MyVar3、@MyVar4、@MyVar5、@MyVar6、@MyVar7，在 SET 语句利用 "＝" 对其赋值。

```
DECLARE @MyVar1 decimal,@MyVar2 decimal,@MyVar3 decimal;
SET @MyVar1 = 75;
SET @MyVar2 = 15;
SET @MyVar3 = @MyVar1+@MyVar2;
GO
```

7.4.3　位运算符

位运算符在两个表达式之间执行位操作，这两个表达式可以为整数数据类型类别中的任何数据类型。表 7-3 列出了 SQL Server 2005 所使用的位运算符。

表 7-3　位运算符

运　算　符	含　　义
&（位与）	位与（两个操作数）
|（位或）	位或（两个操作数）
^（位异或）	位异或（两个操作数）
~（位求反）	位求反（一个操作数）

位运算符的操作数可以是整数或二进制字符串数据类型类别中的任何数据类型（image 数据类型除外），但两个操作数不能同时是二进制字符串数据类型类别中的某种数据类型。表 7-4 显示所支持的操作数数据类型。

表 7-4　位运算符的操作数

左　操　作　数	右　操　作　数
binary	int、smallint 或 tinyint
bit	int、smallint、tinyint 或 bit
int	int、smallint、tinyint、binary 或 varbinary
smallint	int、smallint、tinyint、binary 或 varbinary
tinyint	int、smallint、tinyint、binary 或 varbinary
varbinary	int、smallint 或 tinyint

【例 7-12】 两个整型数的位运算。

```
DECLARE @MyVar1 int,@MyVar2 int,@MyVar3 int,@MyVar4 int,@MyVar5 int;
/*执行位运算时，整数或二进制字符串数据类型类别中的任何数据类型（image 数据类型除外）
转换成二进制数，执行按位运算。整数 10 的二进制是 01010，整数 25 的二进制是 11001。
*/
SET @MyVar1 = 10;
SET @MyVar2 = 25;
SET @MyVar3 =@MyVar1&&@MyVar2;
SET @MyVar4 =@MyVar1|@MyVar2;
SET @MyVar5 =@MyVar1^@MyVar2;
PRINT '@MyVar1 与@MyVar2 执行位与操作的结果';
PRINT @MyVar3;
PRINT '@MyVar1 与@MyVar2 执行位或操作的结果';
PRINT @MyVar4;
PRINT '@MyVar1 与@MyVar2 执行位异或操作的结果';
PRINT @MyVar5;
GO
```

运行结果：

```
@MyVar1 与@MyVar2 执行位与操作的结果
8
@MyVar1 与@MyVar2 执行位或操作的结果
27
@MyVar1 与@MyVar2 执行位异或操作的结果
19
```

7.4.4　比较运算符

比较运算符测试两个表达式之间的关系。除了 TEXT、NTEXT 或 IMAGE 数据类型的表达式外，比较运算符可以用于所有数据类型的表达式。表 7-5 列出了 Transact-SQL 比较运算符。

表 7-5　比较运算符

运 算 符	含 义
=（等于）	等于
>（大于）	大于
<（小于）	小于
>=（大于等于）	大于或等于
<=（小于等于）	小于或等于
<>（不等于）	不等于
!=（不等于）	不等于（非 SQL-92 标准）
!<（不小于）	不小于（非 SQL-92 标准）
!>（不大于）	不大于（非 SQL-92 标准）

【例7-13】 两个整型数比较运算。

```
DECLARE @MyVar1 int,@MyVar2 int;
SET @MyVar1 = 10;
SET @MyVar2 = 25;
IF @MyVar1 >= @MyVar2
PRINT '局部变量@MyVar1 大于或者等于局部变量@MyVar2 ! ';
ELSE
PRINT '局部变量@MyVar1 小于局部变量@MyVar2 ! ';
GO
```

运行结果：

局部变量@MyVar1 小于局部变量@MyVar2 !

7.4.5 逻辑运算符

逻辑运算符和比较运算符一样，返回带有 TRUE 或 FALSE 值的 Boolean 数据类型。表 7-6 列出了 Transact-SQL 比较运算符。

表 7-6　逻辑运算符

运 算 符	含 义
ALL	如果一组的比较都为 TRUE，那么就为 TRUE
AND	如果两个布尔表达式都为 TRUE，那么就为 TRUE
ANY	如果一组的比较中任何一个为 TRUE，那么就为 TRUE
BETWEEN	如果操作数在某个范围之内，那么就为 TRUE
EXISTS	如果子查询包含一些行，那么就为 TRUE
IN	如果操作数等于表达式列表中的一个，那么就为 TRUE
LIKE	如果操作数与一种模式相匹配，那么就为 TRUE
NOT	对任何其他布尔运算符的值取反
OR	如果两个布尔表达式中的一个为 TRUE，那么就为 TRUE
SOME	如果在一组比较中，有些为 TRUE，那么就为 TRUE

在上表中的逻辑运算符中，AND、NOT、OR、BETWEEN和EXISTS用得比较多。

【例7-14】 查找计算机网络维护专业有多少女同学。

```
USE 学生成绩管理系统;
SELECT *
FROM dbo.学生表
WHERE 性别='女' and 专业='计算机网络维护';
GO
```

【例7-15】 查找学生中的"80"后。

```
USE 学生成绩管理系统;
DECLARE @mydate_A datetime;
```

```
DECLARE @mydate_B datetime;
SET @mydate_A = '1/01/1981';
SET @mydate_B = '12/30/1989';
SELECT *
FROM dbo.学生表
WHERE 出生日期 BETWEEN @mydate_A AND @mydate_B;
GO
```

7.4.6 字符串串联运算符

加号 （＋） 是字符串串联运算符，可以用它将字符串串联起来，其他所有字符串操作都使用字符串函数（如 SUBSTRING）进行处理。

默认情况下，对于 VARCHAR 数据类型的数据，在 INSERT 或赋值语句中，空的字符串将被解释为空字符串。在串联 VARCHAR、CHAR 或 TEXT 数据类型的数据时，空的字符串被解释为空字符串。

【例 7-16】 使用字符串串联运算符构建复杂查询条件。

```
USE 学生图书管理系统;
DECLARE @图书 VARCHAR（10）;
/*查询 SQL 类可借图书信息*/
SET @图书='SQL'
SELECT *
FROM DBO.图书信息
WHERE 图书名称 LIKE '%'+@图书+'%' AND 是否借出=0;
/*状态=0 说明图书未被租借，状态=1 说明图书已经借出*/
GO
```

7.4.7 运算符的优先级

当一个复杂的表达式有多个运算符时，运算符优先级决定执行运算的先后次序，在较低级别的运算符之前先对较高级别的运算符进行求值。运算符的优先级别如表 7-7 所示。

表 7-7　Transact-SQ 优先级运算符

级　别	运　算　符
1	~（位非）
2	*（乘）、/（除）、%（取模）
3	+（正）、-（负）、+（加）、(+ 连接）、-（减）、&（位与）
4	=,＞、＜、＞=、＜=、＜＞、!=、!＞、!＜（比较运算符）
5	^（位异或）、|（位或）
6	NOT
7	AND
8	ALL、ANY、BETWEEN、IN、LIKE、OR、SOME
9	=（赋值）

当一个表达式中的两个运算符有相同的运算符优先级别时，将按照它们在表达式中的位

置对其从左到右进行求值。

在表达式中使用括号可以改变所定义的运算符的优先级，此时，首先对括号中的内容进行运算。

7.5 函数

SQL Server 2005 中函数分为两大类：
- 系统内置函数。
- 用户自定义函数。

7.5.1 系统内置函数

1. 内置字符串函数

（1）字符转换函数

1）ASCII()：

ASCII()函数返回字符表达式最左端字符的 ASCII 码值。

ASCII()函数语法：ASCII（'字符串'）。

在 ASCII()函数中，纯数字的字符串可不用 '' 括起来，但含其他字符的字符串必须用''括起来使用，否则会出错。

2）CHAR()：

CHAR()函数用于将 ASCII 码转换为字符。其语法为：CHAR（整数值）。

如果没有输入 0～255 之间的 ASCII 码值，CHAR()函数会返回一个 NULL 值。

3）LOWER()：

LOWER()函数把字符串全部转换为小写，其语法为：LOWER（'字符串'）。

4）UPPER()：

UPPER()函数把字符串全部转换为大写，其语法为：UPPER（'字符串'）。

5）STR()：

STR()函数把数值型数据转换为字符型数据，其语法为：STR（<float _expression>[, length[, <decimal>]]）。

自变量 length 和 decimal 必须是非负值，length 指定返回的字符串的长度，decimal 指定返回的小数位数。如果没有指定长度，默认的 length 值为 10，decimal 默认值为 0。小数位数大于 decimal 值时，STR()函数将其下一位四舍五入。指定长度应大于或等于数字的符号位数+小数点前的位数+小数点位数+小数点后的位数。如果<float _expression>小数点前的位数超过了指定的长度，则返回指定长度的"*"。

【例 7-17】 字符转换函数示例。

```
PRINT '字符转换函数示例'
PRINT ASCII（'ABCD'）
PRINT CHAR（65）
PRINT LOWER（'ABCD'）
PRINT UPPER（'abcd'）
```

```
PRINT STR（134.567,4,2）
```

运行结果：

```
字符转换函数示例
65
A
abcd
ABCD
 135
```

（2）去空格函数

1）LTRIM()：

LTRIM()函数把字符串头部的空格去掉，其语法为：LTRIM（<character_expression>）

2）RTRIM()：

RTRIM()函数把字符串尾部的空格去掉，其语法为：RTRIM（<character_expression>）

提示：在许多情况下，往往需要得到头部和尾部都没有空格字符的字符串，这时可将上两个函数嵌套使用。

【例7-18】 去空格函数示例。

```
PRINT '去空格函数'
DECLARE @a char（20）
SET @a = '   ABCD   '
PRINT LTRIM（@a）
PRINT RTRIM（@a）
```

运行结果：

```
去空格函数
ABCD
   ABCD
```

（3）取子串函数

1）LEFT()：

LEFT()函数返回部分字符串，其语法为：LEFT（<character_expression>，<integer_expression>）。

LEFT()函数返回的子串是从字符串最左边起到第 integer_expression 个字符的部分。若 integer_expression 为负值，则返回 NULL 值。

2）RIGHT()：

RIGHT()函数返回部分字符串，其语法为：RIGHT（<character_expression>，<integer_expression>）。

RIGHT()函数返回的子串是从字符串右边第 integer_expression 个字符起到最后一个字符的部分。若 integer_expression 为负值，则返回 NULL 值。

3）SUBSTRING()：

SUBSTRING()函数返回部分字符串，其语法为：SUBSTRING（<expression>，<starting_position>，length）。

SUBSTRING()函数返回的子串是从字符串左边第 starting_ position 个字符起 length 个字符的部分。其中表达式可以是字符串或二进制串或含字段名的表达式。SUBSTRING()函数不能用于 TEXT 和 IMAGE 数据类型。

【例 7-19】 取子串函数示例。

```
PRINT '取子串函数'
DECLARE @a char（20）
SET @a = 'ABCDEFghijklmn'
--从字符串"ABCDEFghijklmn"左侧取出 3 个字符
PRINT LEFT（@a,3）
--从字符串"ABCDEFghijklmn"右侧侧取出 5 个字符

PRINT RIGHT（'ABCDEFghijklmn',5）
--从字符串"ABCDEFghijklmn"左侧数第 3 个字符开始，取出 4 个字符
PRINT SUBSTRING（@a,3,4）
```

运行结果：

```
取子串函数
ABC
jklmn
CDEF
```

（4）字符串比较函数

1）CHARINDEX()：

CHARINDEX()函数返回字符串中某个指定的子串出现的开始位置，其语法为：
CHARINDEX（<'substring_expression'>，<expression>）

其中 substring_expression 是所要查找的字符表达式，expression 可为字符串也可为列名表达式。如果没有发现子串，则返回 0 值。此函数不能用于 TEXT 和 IMAGE 数据类型。

2）PATINDEX()：

PATINDEX()函数返回字符串中某个指定的子串出现的开始位置，其语法为：PATINDEX（<'%substring _expression%'>，<column_ name>）

其中子串表达式前后必须有百分号"%"，否则返回值为 0。

与 CHARINDEX()函数不同的是，PATINDEX()函数的子串中可以使用通配符，且此函数可用于 CHAR、VARCHAR 和 TEXT 数据类型。"_"为通配字符。

【例 7-20】 字符串比较函数。

```
PRINT '字符串比较函数'
DECLARE @a char（20）
SET @a = 'ABCDEFghijklmn'
--查看子串"CDE'在字符串' ABCDEFghijklmn"中出现的开始位置
PRINT CHARINDEX（'CDE',@a）
```

--查看子串"CDF'在字符串'ABCDEFghijklmn"中出现的开始位置
PRINT CHARINDEX（'CDF',@a）
--查看包含子串"CD'的子串在字符串'ABCDEFghijklmn"中出现的开始位置
PRINT PATINDEX（'%_CD%',@a）

运行结果：

字符串比较函数
3
0
2

（5）字符串操作函数

1）REPLICATE()：

语法：REPLICATE（character_expression ,integer_expression）。

如果 integer_expression 值为负值，则 REPLICATE()函数返回 NULL 串。

2）REVERSE()：

语法：REVERSE（<character_expression>）。

其中 character_expression 可以是字符串、常数或一个列的值。

3）REPLACE()：

语法：REPLACE（<string_expression1>， <string_expression2>， <string_expression3>）

REPLACE()函数用 string_expression3 替换在 string_expression1 中的子串 string_expression2。

4）SPACE()：

语法：SPACE（<integer_expression>）。

如果 integer_expression 值为负值，则 SPACE()函数返回 NULL 串。

5）STUFF()：

语 法 ：STUFF（<character_expression1>， <start_position>， <length>， <character_expression2>）

如果起始位置为负或长度值为负，或者起始位置大于 character_expression1 的长度，则 STUFF()函数返回 NULL 值。如果 length 长度大于 character_expression1 的长度，则 character_expression1 只保留首字符。

【例 7-21】 字符串操作函数示例。

```
PRINT '字符串操作函数'
DECLARE @a char（20）
SET @a = 'ABCDEFghijklmn'
--产生一个子串 'cd' 重复 3 次的字符串
PRINT REPLICATE（'cd',3）
--把字符串"ABCDEFghijklmn"反转过来，产生一个新的字符串
PRINT REVERSE（@a）
--用子串"abc"替换掉字符串"ABCDEFghijklmn"中的子串"ABC"
PRINT REPLACE（@a,'ABC','abc'）
--生产一个包含 5 个空格的字符串
```

```
PRINT SPACE（5）
--从字符串"ABCDEFghijklmn"的第 3 个字符开始，用子串"XYZ"替换掉 3 个字符
PRINT STUFF（@a,3,3,'XYZ'）
```

运行结果：

```
字符串操作函数
cdcdcd
        nmlkjihgFEDCBA
abcDEFghijklmn
ABXYZFghijklmn
```

2. 数据类型转换函数

在一般情况下，SQL Server 会自动完成数据类型的转换。例如，可以直接将字符数据类型或表达式与 DATETIME 数据类型或表达式比较。当表达式中用了 INTEGER、SMALLINT 或 TINYINT 时，SQL Server 也可将 INTEGER 数据类型或表达式转换为 SMALLINT 数据类型或表达式，称为隐式转换。如果不能确定 SQL Server 是否能完成隐式转换或者使用了不能隐式转换的其他数据类型，就需要使用数据类型转换函数做显式转换了。此类函数有两个。

1）CAST()：

语法：CAST（<expression> AS <data_type>[length]）

2）CONVERT()：

语法：CONVERT（<data_type>[length]，<expression> [，style]）

说明：

data_type 为 SQL Server 系统定义的数据类型，用户自定义的数据类型不能在此使用。

length 用于指定数据的长度，默认值为 30。

把 CHAR 或 VARCHAR 类型转换为诸如 INT 或 SAMLLINT 这样的 INTEGER 类型时，结果必须是带正号（+）或负号（-）的数值。

TEXT 类型到 CHAR 或 VARCHAR 类型转换最多为 8000 个字符，即 CHAR 或 VARCHAR 数据类型的最大长度。

IMAGE 类型存储的数据转换到 BINARY 或 VARBINARY 类型，最多为 8000 个字符。

把整数值转换为 MONEY 或 SMALLMONEY 类型，按定义的国家的货币单位来处理，如美元、英镑等。

BIT 类型的转换把非零值转换为 1，并仍以 BIT 类型存储。

试图转换到不同长度的数据类型，会截短转换值并在转换值后显示"+"。

用 CONVERT()函数的 style 选项能以不同的格式显示日期和时间。style 是将 DATATIME 和 SMALLDATETIME 数据转换为字符串时所选用的由 SQL Server 系统提供的转换样式编号，不同的样式编号有不同的输出格式。

【例 7-22】 数据类型转换函数示例。

```
DECLARE @myval decimal （5,2）
SET @myval = 193.57
```

SELECT CAST（CAST（@myval AS varbinary（20）） AS decimal（10,5））
SELECT CONVERT（decimal（10,5）, CONVERT（varbinary（20）, @myval））

运行结果如图 7-4 所示。

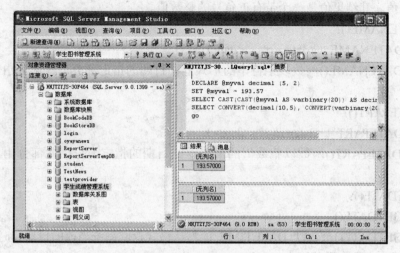

图 7-4　运行结果

3．日期函数

日期函数用来操作 DATETIME 和 SMALLDATETIME 类型的数据，执行算术运算。与其他函数一样，可以在 SELECT 语句的 SELECT 和 WHERE 子句以及表达式中使用日期函数。

1）DAY()：

语法：DAY（<date_expression>）。

注释：DAY() 函数返回 date_expression 中的日期值。

2）MONTH()：

语法：MONTH （<date_expression>）。

注释：MONTH()函数返回 date_expression 中的月份值。

与 DAY()函数不同的是，MONTH()函数的参数为整数时，一律返回整数值 1，即 SQL Server 认为其是 1900 年 1 月。

3）YEAR()：

语法：YEAR（<date_expression>）。

注释：YEAR()函数返回 date_expression 中的年份值。

提醒：在使用日期函数时，其日期值应在 1753 年到 9999 年之间，这是 SQL Server 系统所能识别的日期范围，否则会出现错误。

4）DATEADD()：

语法：DATEADD（<datepart>，<number>，<date>）。

注释：DATEADD()函数返回指定日期 date 加上指定的额外日期间隔 number 产生的新日期。参数"datepart"在日期函数中经常被使用，它用来指定构成日期类型数据的各组件，如年、季、月、日、星期等。

5）DATEDIFF()：

语法：DATEDIFF()（<datepart>, <date1>, <date2>）。

注释：DATEDIFF()函数返回两个指定日期在 datepart 方面的不同之处，即 date2 超过 date1 的差距值，其结果值是一个带有正负号的整数值。

6）DATENAME()：

语法：DATENAME（<datepart>, <date）>。

注释：DATENAME()函数以字符串的形式返回日期的指定部分，此部分由 datepart 来指定。

7）DATEPART()：

语法：DATEPART（<datepart>, <date>）。

注释：DATEPART()函数以整数值的形式返回日期的指定部分，此部分由 datepart 来指定。

8）GETDATE()：

语法：GETDATE()。

注释：GETDATE()函数以 DATETIME 的默认格式返回系统当前的日期和时间，它常作为其他函数或命令的参数使用。

【例7-23】 日期函数综合示例。

```
DECLARE @DateA datetime,@DateB datetime
SET @DateA=GETDATE()
SET @DateB=DATEADD（day,8,@DateA）
PRINT @DateA
PRINT DAY（@DateA）
PRINT MONTH（@DateA）
PRINT YEAR（@DateA）
PRINT DATEADD（day,8,@DateA）
PRINT DATEDIFF（day,@DateA,@DateB）
PRINT DATENAME（week,@DateA）
PRINT DATEPART（year,@DateA）
```

运行结果：

```
10 17 2009   9:16PM
17
10
2009
10 25 2009   9:16PM
8
42
2009
```

4. 数学函数

1）POWER()：

语法：POWER（numeric_expression , y）。

注释：返回指定表达式的指定幂的值。numeric_expression 精确数值或近似数值数据类别（bit 数据类型除外）的表达式。y 对 numeric_expression 进行幂运算的幂值。y 可以是精确数值或近似数值数据类别的表达式（bit 数据类型除外）。

2）SQRT()：

语法：SQRT（float_expression）。

注释：返回指定表达式的平方根。float_expression 属于 float 类型或可以隐式转换为 float 类型的表达式。

3）ABS()：

语法：ABS（numeric_expression）。

注释：返回指定数值表达式的绝对值（正值）的数学函数。

【例 7-24】 数学函数。

```
DECLARE @value int, @counter int;
SET @value = ABS（-2.0）;
SET @counter = 1;
WHILE @counter < 5
    BEGIN
        PRINT POWER（@value, @counter）;
        PRINT SQRT（POWER（@value, @counter））;
        SET NOCOUNT ON;
        SET @counter = @counter + 1;
        SET NOCOUNT OFF;
    END
GO
```

运行结果：

```
2
1.41421
4
2
8
2.82843
16
4
```

7.5.2 用户自定义函数

与编程语言中的函数类似，Microsoft SQL Server 2005 用户自定义函数是接受参数、执行操作（例如复杂计算）并将操作结果以值的形式返回的例程。返回值可以是单个标量值或结果集。

1．创建标量函数

语法：

```
CREATE FUNCRION function_name
```

```
(   [ {@parameter_name scalar_parameter_type   [ = dafault] }[,...n ] ]   )
        RETURNS scalar_return_data_type
        [ WITH ENCRYPTION ]
        [AS]
        BEGIN
            Function_body
            RETURN scalar_expression
        END
```

说明：

- function_name 为函数的名称。
- @parameter_name 为输入参数名。输入参数的名必须以@作为开头。
- scalar_parameter_type 为输入参数的类型。
- dafault 为所对应的输入参数的默认值。
- RETURNS scalar_return_data_type 子句定义了函数返回值的类型，该类型不能是 text、ntext 等类型。
- WITH 子句指出了创建函数的选项。如果指定了 ENCRYPTION 参数，则创建的函数是被加密的，函数定义的文本将以加密的形式存储在 syscomments 表中，任何人都不能查看到该函数的定义，包括函数的创建者和系统管理员。
- BEGIN 与 END 之间定义了函数体，该函数体中必须包括一条 RETURN 语句，用于返回一个值。

注释：

- 自定义函数必须在当前数据库中定义。
- 函数名：必须符合标识符构成规则，在数据库中名称必须唯一，省略所有者名称默认为系统管理员 dbo。
- @参数名称：用局部变量定义的形式参数，用于接收调用函数时传递过来的参数。
- 默认值必须是常量，如果设定了默认值则调用函数时若不提供参数，形式参数自动取默认值。
- RETURNS 指定返回值类型，RETURN 指定返回值，注意这两个关键字的区别。
- 自定义函数的调用与系统标准函数的调用相同，但必须写出"所有者名称.函数名"并在圆括号内给出参数。

【例 7-25】 创建"被借次数"函数。在该函数中创建输入参数@图书名称，@作者，以便查询不同图书的被借次数。

函数的定义：

```
CREATE FUNCTION  被借次数
  （@图书名称 varchar  （40），@作者 varchar（10））
RETURNS int
BEGIN
DECLARE @借书次数 int;
SELECT @借书次数=count  （*）
FROM 租借信息 JOIN   图书信息 ON 租借信息.图书编号=图书信息.图书编号
```

```
                WHERE  图书名称=@图书名称 and  作者=@作者
                RETURN @借书次数;
                END
```

函数的调用:

```
        SELECT dbo.被借次数（'软件工程','汪洋'）；
```

2. 创建内嵌表值函数

语法:

```
        CREATE FUNCTION function_name
                （ [ {@parameter_name scalar_parameter_type [ = default ]}
                [,...n ] ] ）
                RETURNS TABLE
                [ WITH ENCRYPTION ]
                [AS]
                RETURN （select-statement）
```

说明:

- function_name 为函数的名称。
- @parameter_name 为输入参数名。
- scalar_parameter_type 为输入参数的类型。default 为输入参数指定的默认值。
- RETURNS TABLE 子句的含义是该用户定义函数的返回值是一个表。
- WITH 子句指出了创建函数的选项,与标量函数相同。
- select-statement 为得到返回的表所使用的查询语句。

【例 7-26】 创建查看某一出版社的图书信息的函数。

函数的定义:

```
                USE 学生图书管理系统
                GO
        CREATE FUNCTION  出版社
                （@出版社  varchar（20）  ）
                RETURNS TABLE
                RETURN   （
                SELECT *
                FROM  图书信息
                WHERE  出版社名称= @出版社
                ）
```

函数的调用:

```
        SELECT * FROM  出版社（'电子出版社'）
```

3. 创建多语句表值函数

语法:

```
        CREATE FUNCTION function_name
```

（ [{@parameter_name scalar_parameter_type [= dafault] }
[,...n]] ）
RETURNS @return_variable TABLE < TABLE_TYPE_DEFINITION >
[WITH ENCRYPTION]
[AS]
BEGIN
    function_body
    RETURN
END

说明：

- function_name 为函数的名称。
- @parameter_name 为输入参数名。
- scalar_parameter_type 为输入参数的类型。
- RETURNS 子句的含义是该用户自定义函数的返回值是一个表。
- @return_variable 是该函数要返回的表类型的变量必须以@开头。在函数的函数体中，要为这个表填充数据。
- TABLE_TYPE_DEFINITION 是返回表的结构定义。
- BEGIN 与 END 之间定义了函数体。该函数体中必须包括一条不带参数的 RETURN 语句，用于返回表。
- function_body 为函数体的主体，在函数的主体中允许使用赋值语句、控制流程语句、DECLARE 语句、SELECT 语句、游标操作语句、INSERT、UPDATE、DELETE 及 EXECUTE 语句，其他语句不能使用。

【例 7-27】 在"学生图书管理系统"数据库中创建一个函数，该函数可返回某个学生或全部借书学生的借书信息。

函数的定义：

CREATE FUNCTION 借书信息 （@借书证号 char（5）=null）
    RETURNS @表 TABLE
    （学号 char（10）,姓名 varchar（10）,图书编号 varchar（6）,图书名称 varchar（40）,借书日期 datetime）
    AS
    BEGIN
    IF @借书证号 IS NULL
    INSERT @表 SELECT 学生信息.学号,姓名,租借信息.图书编号,图书名称,借书日期
    FROM 学生信息 JOIN 租借信息 ON 学生信息.借书证号=租借信息.借书证号 JOIN 图书信息 ON 租借信息.图书编号=图书信息.图书编号
WHERE 还书日期 IS NULL
    ELSE
    INSERT @表 SELECT 学生信息.学号,学生信息.姓名,租借信息.图书编号,图书信息.图书名称,租借信息.借书日期
    FROM 学生信息 JOIN 租借信息 ON 学生信息.借书证号=租借信息.借书证号 JOIN 图书信息 ON 租借信息.图书编号=图书信息.图书编号
    WHERE 学生信息.借书证号=@借书证号 AND 还书日期 IS NULL

```
RETURN
END
```

函数的调用：

```
SELECT * FROM 借书信息（'00001'）
```

7.6 流程控制语句

Transact-SQL 提供称为控制流语言的特殊关键字，用于控制 Transact-SQL 语句、语句块和存储过程的执行流。这些关键字可用于临时 Transact-SQL 语句、批处理和存储过程中。

控制流语句不能跨越多个批处理或存储过程。

7.6.1 BEGIN…END 语句

BEGIN 和 END 语句用于将多个 Transact-SQL 语句组合为一个逻辑块。在控制流语句必须执行包含两条或多条 Transact-SQL 语句的语句块的任何地方，都可以使用 BEGIN 和 END 语句。BEGIN…END 通常都是与 IF…ELSE 或 WHILE 等一起使用。如果 BEGIN…END 中间只有一行程序，则可以省略 BEGIN 与 END。

语法：

```
BEGIN
        语句块
END
```

说明：

"语句块"为任何有效的 Transact-SQL 语句或用语句块定义的语句分组。

【例 7-28】 求 1～100 的所有整数的累加和。

```
DECLARE @N INT, @S INT
SELECT @N=1,@S=0
WHILE @N<=100
BEGIN
SET @S=@S+@N
SET @N=@N+1
END
SELECT '1～100 的累加和'=@S
```

7.6.2 IF…ELSE 语句

语法：

```
IF    逻辑条件表达式
        语句块 1
[ ELSE
        语句块 2 ]
```

备注：

- IF 语句执行时先判断逻辑条件表达式的值（只能取 TRUE 或 FLASE），若为真则执行语句块 1，为假则执行语句块 2，没有 ELSE 则直接执行后继语句。
- 条件表达式中可以包含 SELECT 子查询，但必须用圆括号括起来。
- 语句块 1、语句块 2 可以是单个 SQL 语句，如果有两个以上语句必须放在 BEGIN…END 语句块中。

【例 7-29】 查询指定编号的书是否借出。

```
USE 学生图书管理系统
IF （SELECT 是否借出 FROM dbo.图书信息 WHERE 图书编号='100002'）=0
PRINT  '图书编号是 100002 的图书可借'
ELSE
PRINT  '图书编号是 100002 的图书不可借'
```

7.6.3　CASE 语句

CASE 表达式可以根据不同的条件返回不同的值，CASE 不是独立的语句，只用于 SQL 语句中允许使用表达式的位置。

CASE 函数的组成部分：

- CASE 关键字。
- 需要转换的列名称。
- 指定搜索内容表达式的 WHEN 子句和指定要替换它们的表达式的 THEN 子句。
- END 关键字。
- 可选的、定义 CASE 函数别名的 AS 子句。

在 SQL Server 中，CASE 表达式分为简单表达式和搜索表达式两种。

1．简单表达式

语法：

```
CASE 测试表达式
    WHEN 测试值 1  THEN  结果表达式 1
    [{WHEN 测试值 2 THEN 结果表达式 2 } [ …n ] ]
    [ ELSE  结果表达式 n ]
END
```

功能：返回对应测试值后面的结果表达式的值。

执行过程：

- 按顺序依次判断 WHEN 后面测试值的值，遇到第一个和测试表达式的结果相等的 WHEN 时结束，则整个 CASE 表达式取对应 THEN 指定的结果表达式的值，之后不再比较，结束并跳出 CASE … END。
- 如果找不到匹配的测试值，则取 ELSE 指定的结果表达式 n。
- 如果找不到匹配的测试值也没有使用 ELSE，则返回 NULL。

【例 7-30】 查询成绩表中学生的成绩和课程名。

```
USE 学生成绩管理系统
```

```
SELECT  学号,课程名=
CASE  课程编号
WHEN '001'   THEN   '计算机应用基础'
WHEN '002'   THEN   '英语'
WHEN '003'   THEN   '高等数学'
WHEN '004'   THEN   'C 语言'
WHEN '005'   THEN   '大学物理'
END , 成绩
FROM DBO.成绩表
```

2. 搜索表达式

语法：

```
CASE
    WHEN  条件表达式 1   THEN   结果表达式 1
    [{WHEN 条件表达式 2 THEN  结果表达式 2 } [ …n ] ]
    [ ELSE   结果表达式 n ]
END
```

功能：根据某个条件得到一个对应值。

注意：搜索 CASE 表达式与简单 CASE 表达式的语法区别是 CASE 后没有测试表达式，WHEN 指定的不是常量值而是条件表达式。

执行过程：

● 按顺序依次判断 WHEN 指定条件表达式的值，遇到第一个为真的条件表达式，则整个 CASE 表达式取对应 THEN 指定的结果表达式的值，之后不再比较，结束并跳出 CASE … END。
● 如果找不到为真的条件表达式，则取 ELSE 指定的结果表达式 n。
● 如果找不到为真的条件表达式，也没有使用 ELSE，则返回 NULL。

【例 7-31】 查询学生的成绩并显示成绩等级。

```
USE  学生成绩管理系统
SELECT  学号,成绩,成绩等级=
CASE
WHEN  成绩>=85 THEN ' 优秀'
WHEN  成绩>=75 AND  成绩<85 THEN '良好'
WHEN  成绩>=60 AND  成绩<75 THEN '中等'
ELSE '差'
END
FROM DBO.成绩表
```

7.6.4 WHILE…CONTINUE…BREAK 语句

设置重复执行 SQL 语句或语句块的条件。只要指定的条件为真，就重复执行语句。可以使用 BREAK 和 CONTINUE 关键字在循环内部控制 WHILE 循环中语句的执行。

语法：

```
WHILE  布尔表达式
      { sql_语句 | 语句块 }
      [ BREAK ]
      { sql_语句 | 语句块 }
      [ CONTINUE ]
      { sql_语句 | 语句块 }
```

说明:

- 布尔表达式:表达式,返回 TRUE 或 FALSE。如果布尔表达式中含有 SELECT 语句,则必须用括号将 SELECT 语句括起来。
- { sql_语句 | 语句块 }:Transact-SQL 语句或用语句块定义的语句分组。若要定义语句块,使用控制流关键字 BEGIN 和 END。
- BREAK:导致从最内层的 WHILE 循环中退出,将执行出现在 END 关键字(循环结束的标记)后面的任何语句。
- CONTINUE:使 WHILE 循环重新开始执行,忽略 CONTINUE 关键字后面的任何语句。

备注:

如果嵌套了两个或多个 WHILE 循环,则内层的 BREAK 将退出到下一个外层循环,将首先运行内层循环结束之后的所有语句,然后重新开始下一个外层循环。

【例 7-32】 用 PRINT 来显示"图书信息"表中的记录,并且每显示 3 条记录以"---------------------------"分隔,用"………"显示结束。

```
USE 学生图书管理系统
DECLARE  @循环 int,@图书编号 varchar(10),@图书名称 varchar(30),@作者 varchar
(20),@计数 int
SET @循环=0
SET @计数=0
WHILE @循环>=0
BEGIN
IF @计数%3=0 AND @计数<>0
PRINT '-------------------------------'
SET @循环=@循环+1
SELECT @图书编号=图书编号,@图书名称=图书名称,@作者=作者
FROM 图书信息
WHERE convert(int,图书编号)=@循环
IF @@ROWCOUNT=0
CONTINUE                    --跳到 while 的头
SET @计数=@计数+1
PRINT @图书编号+'--'+@图书名称 +'--'+ @作者
IF @计数=(SELECT COUNT(*) FROM 图书信息)
BEGIN
PRINT '………'
BREAK
```

```
END
END
```

7.6.5 GOTO 语句

GOTO 语句使 Transact-SQL 批处理的执行跳至标签，不执行 GOTO 语句和标签之间的语句。推荐尽量少使用 GOTO 语句。

语法：

```
Define the label:
GOTO label
```

说明：

如果 GOTO 语句指向该标签，则其为处理的起点。标签必须符合标识符规则。无论是否使用 GOTO 语句，标签均可作为注释方法使用。

【例 7-33】 GOTO 语句的练习。

```
USE 学生图书管理系统
PRINT '这是一个练习'
IF （SELECT 是否借出 FROM dbo.图书信息 WHERE 图书编号='100002'）=0
GOTO 可借
ELSE
GOTO 不可借
可借:
BEGIN
PRINT    '图书编号是 100002 的图书可借'
RETURN
END
不可借:
BEGIN
PRINT    '图书编号是 100002 的图书已经借出'
RETURN
END
```

运行结果：

```
这是一个练习
图书编号是"100002"的图书可借
```

7.6.6 WAITFOR 语句

WAITFOR 语句挂起批处理、存储过程或事务的执行，直到发生以下情况：

- 已超过指定的时间间隔。
- 到达一天中指定的时间。
- 指定的 RECEIVE 语句至少修改一行或将其返回到 Service Broker 队列。

该语句可以指定它以后的语句在某个时间间隔之后执行，或未来的某一时间执行。

语法：

```
              WAITFOR
    {
        DELAY 'time_to_pass'
     | TIME 'time_to_execute'
     | （ receive_statement ） [ , TIMEOUT timeout ]
    }
```

说明：

- DELAY：可以继续执行批处理、存储过程或事务之前必须经过的指定时段，最长可为 24 小时。
- 'time_to_pass'：等待的时段。可以使用 datetime 数据可接受的格式之一指定 time_to_pass，也可以将其指定为局部变量。不能指定日期，因此，不允许指定 datetime 值的日期部分。
- TIME：指定运行批处理、存储过程或事务的时间。
- 'time_to_execute'：WAITFOR 语句完成的时间。可以使用 datetime 数据可接受的格式之一指定 time_to_execute，也可以将其指定为局部变量。不能指定日期，因此，不允许指定 datetime 值的日期部分。
- receive_statement：有效的 RECEIVE 语句。

【例 7-34】 若变量"@等待"的值等于"间隔"，查询"学生信息"表是在等待两分钟后执行，否则在下午 2:10 执行。

```
DECLARE @等待  VARCHAR
USE  学生图书管理系统
SET @等待= '间隔'
IF @等待= '间隔'
BEGIN
WAITFOR DELAY '00:02:00'
SELECT * FROM dbo.学生信息
END
ELSE
BEGIN
WAITFOR TIME '14:10:00'
SELECT * FROM dbo.学生信息
END
```

7.6.7 RETURN 语句

RETURN 语句无条件终止查询、存储过程或批处理。存储过程或批处理中 RETURN 语句后面的语句都不执行。

当在存储过程中使用 RETURN 语句时，此语句可以指定返回给调用应用程序、批处理或过程的整数值。如果 RETURN 未指定值，则存储过程返回 0。

大多数存储过程按常规使用返回代码表示存储过程的成功或失败。没有发生错误时存储过程返回值 0。任何非零值表示有错误发生。

语法：

RETURN [integer_expression]

说明：

teger_expression

返回的整数值。存储过程可向执行调用的过程或应用程序返回一个整数值。

7.7 游标

Transact-SQL 游标主要用于存储过程、触发器和 Transact-SQL 脚本中，它们使结果集的内容可用于其他 Transact-SQL 语句。

使用游标（CURSOR）的一个主要的原因就是把集合操作转换成单个记录处理方式。用 SQL 语言从数据库中检索数据后，结果放在内存的一块区域中，且结果往往是一个含有多个记录的集合。游标机制允许用户在 SQL Server 内逐行地访问这些记录，按照用户自己的意愿来显示和处理这些记录。

一般地，使用游标都遵循下列的常规步骤：

1）声明游标，把游标与 T-SQL 语句的结果集联系起来。

2）打开游标。

3）使用游标操作数据。

7.7.1 游标的声明

语法：

DECLARE cursor_name CURSOR[LOCAL | GLOBAL][FORWARD_ONLY | SCROLL][STATIC | KEYSET | DYNAMIC | FAST_FORWARD][READ_ONLY | SCROLL_LOCKS | OPTIMISTIC][TYPE_WARNING]FOR select_statement[FOR UPDATE [OF column_name [,...n]]]
[;]

说明：

- cursor_name：所定义的 Transact-SQL 服务器游标的名称。cursor_name 必须符合标识符规则。

- INSENSITIVE：定义一个游标，以创建将由该游标使用的数据的临时复本。

- SCROLL：指定所有的提取选项（FIRST、LAST、PRIOR、NEXT、RELATIVE、ABSOLUTE）均可用。

- select_statement：定义游标结果集的标准 SELECT 语句。

- READ_ONLY：禁止通过该游标进行更新。

- UPDATE [OF column_name [,...n]]：定义游标中可更新的列。

- LOCAL：指定对于在其中创建的批处理、存储过程或触发器来说，该游标的作用域是局部的。

- GLOBAL：指定该游标的作用域对来说连接是全局的。

- FORWARD_ONLY：指定游标只能从第一行滚动到最后一行。

- STATIC：定义一个游标，以创建将由该游标使用的数据的临时复本。
- KEYSET：指定当游标打开时，游标中行的成员身份和顺序已经固定。
- DYNAMIC：定义一个游标，以反映在滚动游标时对结果集内的各行所做的所有数据更改。
- FAST_FORWARD：指定启用了性能优化的 FORWARD_ONLY、READ_ONLY 游标。
- SCROLL_LOCKS：指定通过游标进行的定位更新或删除保证会成功。
- OPTIMISTIC：指定如果行自从被读入游标以来已得到更新，则通过游标进行的定位更新或定位删除不会成功。
- TYPE_WARNING：指定如果游标从所请求的类型隐式转换为另一种类型，则向客户端发送警告消息。
- select_statement：定义游标结果集的标准 SELECT 语句。
- FOR UPDATE [OF column_name [,...n]]：定义游标中可更新的列。

【例 7-35】 建立简单游标成绩查询。

```
USE 学生成绩管理系统;
DECLARE 成绩查询 CURSOR
FOR SELECT * FROM 成绩表;
```

【例 7-36】 建立只读游标成绩查询。

```
USE 学生成绩管理系统;
DECLARE 成绩查询 CURSOR READ_ONLY
FOR SELECT * FROM 成绩表;
```

【例 7-37】 建立可以对数据库学生成绩管理系统数据库成绩表成绩列进行修改的游标。

```
USE 学生成绩管理系统;
DECLARE 修改成绩 CURSOR
FOR SELECT * FROM 成绩表
FOR UPDATE OF 成绩;
```

7.7.2 打开游标

语法:

```
OPEN { { [ GLOBAL ] cursor_name } | cursor_variable_name }
```

说明:

- GLOBAL：指定 cursor_name 是指全局游标。
- cursor_name：已声明的游标的名称。如果全局游标和局部游标都使用 cursor_name 作为其名称，那么如果指定了 GLOBAL，则 cursor_name 指的是全局游标；否则 cursor_name 指的是局部游标。
- cursor_variable_name：游标变量的名称，该变量引用一个游标。

【例 7-38】 打开游标。

```
USE 学生成绩管理系统;
```

```
DECLARE 修改成绩 CURSOR
FOR SELECT * FROM 成绩表
FOR UPDATE OF 成绩;
OPEN 成绩查询;
```

7.7.3 使用游标处理数据

语法:

```
FETCH
            [ [ NEXT | PRIOR | FIRST | LAST
                     | ABSOLUTE { n | @nvar }
                     | RELATIVE { n | @nvar }
                 ]
                 FROM
            ]
{ { [ GLOBAL ] cursor_name } | @cursor_variable_name }
[ INTO @variable_name [ ,...n ] ]
```

参数:

- NEXT: 紧跟当前行返回结果行, 并且当前行递增为返回行。
- PRIOR: 返回紧邻当前行前面的结果行, 并且当前行递减为返回行。
- FIRST: 返回游标中的第一行并将其作为当前行。
- LAST: 返回游标中的最后一行并将其作为当前行。
- ABSOLUTE { n | @nvar}: 如果 n 或@nvar 为正数, 则返回从游标头开始的第 n 行, 并将返回行变成新的当前行。
- RELATIVE { n | @nvar}: 如果 n 或@nvar 为正数, 则返回从当前行开始的第 n 行, 并将返回行变成新的当前行。
- GLOBAL: 指定 cursor_name 是指全局游标。
- cursor_name: 要从中进行提取的打开的游标的名称。如果同时具有以 cursor_name 作为名称的全局和局部游标存在, 则如果指定为 GLOBAL, 则 cursor_name 是指全局游标, 如果未指定 GLOBAL, 则指局部游标。
- @cursor_variable_name: 游标变量名, 引用要从中进行提取操作的打开的游标。
- INTO @variable_name[,...n]: 允许将提取操作的列数据放到局部变量中。

7.7.4 关闭游标

语法:

```
CLOSE { { [ GLOBAL ] cursor_name } | cursor_variable_name }
```

说明:

- GLOBAL: 指定 cursor_name 是指全局游标。
- cursor_name: 打开的游标的名称。如果全局游标和局部游标都使用 cursor_name 作为它们的名称, 那么当指定 GLOBAL 时, cursor_name 指的是全局游标; 其他情况下, cursor_name 指的是局部游标。

- cursor_variable_name：与打开的游标关联的游标变量的名称。

7.7.5 释放游标

DEALLOCATE { { [GLOBAL] cursor_name } | @cursor_variable_name }

说明：

- cursor_name：已声明游标的名称。当同时存在以 cursor_name 作为名称的全局游标和局部游标时，如果指定 GLOBAL，则 cursor_name 指全局游标，如果未指定 GLOBAL，则指局部游标。
- @cursor_variable_name：cursor 变量的名称。@cursor_variable_name 必须为 cursor 类型。

【例 7-39】 建立游标修改成绩，读取游标中的数据，关闭释放游标。

```
USE  学生成绩管理系统;
DECLARE  修改成绩  CURSOR
FOR SELECT * FROM  成绩表
FOR UPDATE OF  成绩;
OPEN  修改成绩                      /*  打开游标 */
FETCH NEXT from  修改成绩            /*  读取第 1 行数据*/
WHILE @@FETCH_STATUS = 0            /*  用 WHILE 循环控制游标活动 */
BEGIN
FETCH NEXT from  修改成绩            /*  在循环体内将读取其余行数据 */
END
CLOSE    修改成绩;                   /*  关闭游标 */
DEALLOCATE  修改成绩;               /*  删除游标 */
```

7.7.6 关于@@FETCH_STATUS

语法：

@@FETCH_STATUS

返回值：

- 0：FETCH 语句成功。
- -1：FETCH 语句失败或行不在结果集中。
- -2：提取的行不存在。

每执行一个 FETCH 操作之后，通常都要查看一下全局变量@@FETCH_STATUS 中的状态值，以此判断 FETCH 操作是否成功。

由于@@FETCH_STATU 是全局变量，在一个连接上的所有游标都可能影响该变量的值。因此，在执行一条 FETCH 语句后，必须在对另一游标执行另一 FETCH 语句之前测试该变量的值才能作出正确的判断。

7.8 实训 函数、游标的创建和使用

7.8.1 实训目的

1）理解批处理、脚本的概念，掌握 T-SQL 的流程控制语句及编程方法。

2）理解并掌握函数应用。

3）学会正确使用游标。

7.8.2 实训内容

1）在"学生成绩管理系统"数据库中创建"计算平均分"标量函数。在该函数中创建输入参数"@学号"和"@姓名"，以便查询不同学生的成绩平均分。调用该函数并查看执行结果。

2）在"学生成绩管理系统"数据库中创建一个函数，该函数可返回某个学生或全部学生的学号，姓名，班级，课程名称，成绩，学分。调用该函数并查看执行结果。

3）建立一个游标，利用游标显示"学生成绩管理系统"数据库中学生信息表中的数据。

7.9 本章知识框架

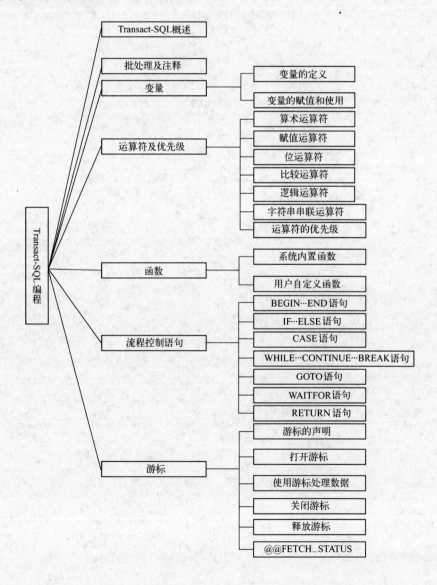

7.10 习题

1. Transact-SQL 语言附加的语言要素有哪些?
2. 如何定义局部变量？如何给局部变量赋值？
3. 逻辑运算符之间有没有优先级?顺序如何?
4. 系统内置函数的返回值是否都是唯一的?
5. 用户定义函数是否必须有返回值?
6. 为什么使用游标?

第8章 视 图

知识目标

- 掌握视图的基本概念
- 理解视图和数据表之间的主要区别
- 了解视图的优点、缺点

技能目标

- 能够掌握创建、修改和删除视图的方法
- 能够掌握查看视图信息的方法
- 能够掌握通过视图修改表数据的方法

8.1 视图概述

视图（View）作为一种数据库对象，为用户提供了一种检索表数据的方式。它是根据选择条件用 SELECT 语句从一个或多个表导出的，用户通过视图来浏览数据表中感兴趣的部分或全部数据，而数据的物理存放位置仍然在表中。本章将介绍视图的概念，分类以及创建、修改和删除视图的方法等。

8.1.1 视图的概念

视图是由一个或多个数据表（基本表）或视图导出的虚拟表或查询表，是关系数据库系统提供给用户以多种角度观察数据库中数据的重要机制。

视图是虚表。所谓虚表，就是说视图不是表。因为视图只储存了它的定义（select 语句），而没有储存视图对应的数据，这些数据仍存放在原来的数据表（基表）中，数据与基表中数据同步，即对视图的数据进行操作时，系统根据视图的定义去操作与视图相关联的基本表，但是视图在操作上又是表。因为视图一旦定义好，就可以像基本表一样进行数据操作，包括查询、修改、删除和更新数据。

8.1.2 视图的优点和缺点

在 SQL Server 2005 中，当创建了数据库以后，可以根据用户的实际需要创建视图。视图通常用来集中、简化和自定义每个用户对数据库的不同认识。它与一般意义上的表相比具有很多优点，同时也有一些缺点。

1. 视图的优点

- 简单性：视图不仅可以简化用户对数据的理解，也可以简化操作。那些被经常使用的查询可以被定义为视图,从而使用户不必为以后的操作每次都指定全部的条件。

- 安全性:通过视图用户只能查询和修改所能见到的数据。数据库中的其他数据则既看不见也取不到。数据库授权命令可以使每个用户对数据库的检索限制到特定的数据库对象上,但不能授权到数据库特定行和特定的列上。通过视图,用户可以被限制在数据的不同子集上。
- 掩盖数据库的复杂性:使用视图可以把数据库的设计和用户的使用屏蔽开来,当基本表发生更改或重新组合时,只需要修改视图的定义,用户还能够通过视图获得和原来一致的数据。
- 逻辑数据独立性:视图可以使应用程序和数据库表在一定程度上独立。如果没有视图,应用一定是建立在表上的。有了视图之后,程序可以建立在视图之上,从而程序与数据库表被视图分割开来。

2. 视图的缺点

- 性能:SQL Server 必须把视图的查询转化成对基本表的查询,如果这个视图是由一个复杂的多表查询所定义,那么,即使是对视图的一个简单查询,SQL Server 也把它变成一个复杂的结合体,需要花费一定的时间。
- 修改限制:由于视图是一张虚表,当用户试图更新视图的某些行时,SQL Server 必须把它转化为对基本表的某些行的更新。事实上,当从视图中插入或者删除数据时,情况也是这样。对于简单视图来说,这是很方便的,但是,对于比较复杂的视图,可能是不可修改的。

所以,在定义数据库对象时,不能不加选择地来定义视图,应该权衡视图的优点和缺点,合理地定义、使用视图。

8.1.3 视图的分类

视图是一个由 SELECT 语句指定,用以检索数据库表中某些行或列数据的语句的存储定义。从本质上说,视图其实是一种 SQL 查询。根据创建视图时给定的查询条件,视图可以是数据表的一部分,也可以是多个表的联合。和表一样,在一个视图中,最多可以定义一个或多个基表的 1024 个字段。视图的种类有很多种,从创建视图时数据的来源上,可以把视图分为以下几种:

- 水平视图。
- 投影视图。
- 联合视图。
- 包含集合函数的视图。
- 由视图产生的视图。

8.2 创建视图

在 SQL Server 2005 中创建视图主要有两种方法:使用 SQL Server Management Studio 创建视图和使用 Transact-SQL 语句创建视图。创建视图之前,应考虑以下基本原则:
只能在当前数据库中创建视图。

- 视图名称必须遵循标识符的规则，且对每个架构都必须唯一。此外，该名称不得与该架构包含的任何表的名称相同。
- 可以依据现有的视图创建新的视图。Microsoft SQL Server 2005 允许嵌套视图，但嵌套不得超过 32 层。根据视图的复杂性及可用内存，视图嵌套的实际限制可能低于该值。
- 定义视图的查询不能包含 COMPUTE 子句、COMPUTE BY 子句或 INTO 关键字。
- 定义视图的查询不能包含 ORDER BY 子句，除非在 SELECT 语句的选择列表中还有一个 TOP 子句。
- 不能为视图定义全文索引。
- 不能创建临时视图，也不能对临时表创建视图。

8.2.1 使用 SQL Server Management Studio 创建视图

以"学生图书管理系统"数据库为案例，在 SQL Server Management Studio 中创建一个名为"学生借书信息"的视图，其操作步骤如下：

1）启动"SQL Server Management Studio"，在"对象资源管理器"窗口中，选择所需数据库"学生图书管理系统"，单击"+"号展开，用鼠标右键单击"视图"选项，系统弹出如图 8-1 所示的快捷菜单，选择"新建视图"命令，弹出如图 8-2 所示的"添加表"对话框，在这里可选择相关联的表"学生信息"和"租借信息"。

图 8-1 选择"新建视图"命令

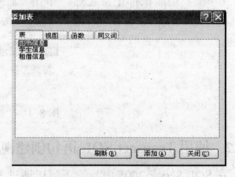

图 8-2 "添加表"对话框

2）添加完基表之后，可以在如图 8-3 所示的关系图窗格中看到新添加的基表，以及基表之间的外键引用关系。在显示区域中，可以单击基表左侧的复选框来选择或去除该字段，被选中的字段表示该列在视图中被引用。

3）在"关系图窗格"里，可以建立表与表之间的 JOIN…ON 关系，如"学生信息"表中"借书证号"与"租借信息"表中的"借书证号"相等，那么只要将"学生信息"表中的"借书证号"字段拖曳到"租借信息"表中的"借书证号"字段上即可。此时两个表之间将会有一根线连着。

4）在"关系图窗格"里选择数据表字段前的复选框，可以设置视图要输出的字段，同样，在"条件窗格"里也可设置要输出的字段。

5）在"条件窗格"里还可以设置要过滤的查询条件。

6）设置完后的 SQL 语句，会显示在"SQL 窗格"里，这个 SELECT 语句也就是视图所要存储的查询语句。

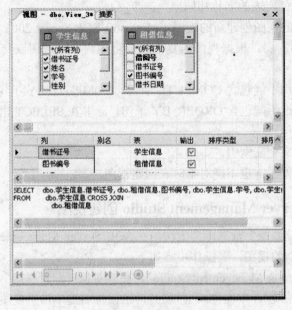

图 8-3　视图建立窗口

7）在一切测试都正常之后，单击"保存"按钮，在弹出如图 8-4 所示的"选择名称"对话框里输入视图名称，再单击"确定"按钮完成操作。

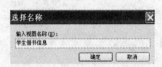

图 8-4　"选择名称"对话框

8.2.2　使用 Transact-SQL 语句创建视图

在 SQL Server 2005 中，除了可以通过 SQL Server Management Studio 创建视图，还可以使用 Transact-SQL 语言中的 CREATE VIEW 语句创建视图，其语法格式如下：

> CREATE VIEW 视图名[（视图列名 1，视图列名 2，…，视图列名 n）]
> [WITH ENCRYPTION]
> AS
> SELECT 语句
> [WITH CHECK OPTION] [　；]

其中 WITH ENCRYPTION 子句对视图进行加密，WITH CHECK OPTION 表示对视图进行 UPDATE、INSERT 和 DELETE 操作时，要保证所操作的行满足视图定义中的条件，即只有满足视图定义条件的操作才能执行。

注意：SELECT 语句是定义视图的。该语句不但可以使用单个表，也可以使用多表联结其他视图，但在使用 SELECT 语句有以下限制：

1）定义视图的用户必须具有查询语句所参照的对象的权限。

2）在该查询语句中，不能包括 ORDER BY、COMPUTE、COMPUTE BY 关键字。

3）不能包含 INTO 关键字。

4）不允许参照临时表作为基础建立视图。

【例8-1】 使用 Transact-SQL 语句，在"学生图书管理系统"数据库中，创建一个名为"高教出版社的图书"的视图，要求该视图中仅包含"高等教育出版社"出版的图书。

程序清单如下：

```
USE 学生图书管理系统
GO
CREATE VIEW 高教出版社的图书
AS
SELECT *
FROM 图书信息
WHERE 出版社名称='高教出版社'
```

在 SQL Server Management Studio 中新建查询，单击执行按钮 ! 执行(X) 执行上面的程序，会生成视图"高教出版社的图书"。

执行结果如图 8-5 所示。

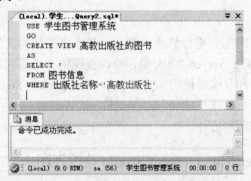

图 8-5 "高教出版社的图书"视图

【例8-2】 创建一个视图，其中的内容是所有价格低于 30 元的图书，并加密视图的定义。

程序清单如下：

```
USE 学生图书管理系统
GO
CREATE VIEW 低价图书
WITH ENCRYPTION
AS
SELECT *
FROM 图书信息
WHERE 定价<30
```

【例8-3】 创建"学生借书信息"视图，其中内容包括学生的借书证号、学号、姓名、图书名称。

程序清单如下：

```
USE  学生图书管理系统
GO
CREATE VIEW  学生借书信息
AS
SELECT c.借书证号,学号,姓名,图书名称
FROM  图书信息  AS  a,租借信息  AS  b,学生信息  AS  c
WHERE a.图书编号=b.图书编号   AND b.借书证号=c.借书证号
```

既然视图创建好了，那么怎样可以查看到视图中的数据呢？视图的优点之一就是简单性，可以像表一样地使用视图，因此可以在查询窗口中输入下面的语句，查看视图的结果。

程序清单如下：

```
SELECT * FROM  学生借书信息
```

其中，"学生借书信息"是视图的名称，
程序执行结果如图 8-6 所示。

图 8-6 "学生借书信息"视图查询结果

8.3 修改视图

视图定义好以后，有时需要进行修改，例如，基本表的结构发生变化，用户就必须相应地修改视图的定义。在 SQL Server 2005 中，修改视图的方法有两种：一种是删除原来的视图，并重新创建它；另一种方法是使用 SQL Server Management Studio 或者 ALTER VIEW 命令的方式进行视图修改。

下面分别介绍后面的两种方法。

8.3.1 使用 SQL Server Management Studio 修改视图

下面以修改视图"低价图书"为例介绍如何在 SQL Server Management Studio 中修改视图，其修改的步骤如下：

1）启动"SQL Server Management Studio"，在"对象资源管理器"窗口里，选择数据库"学生图书管理系统"，选择"视图"，在这里选择要修改的视图，选择"高等教育出版社"。

2）用鼠标右键单击"高等教育出版社"，在弹出的快捷菜单里选择"修改"选项，出现如图 8-7 所示修改视图的对话框，该对话框界面与创建视图的对话框相似，其操作也十分类似，在此就不再赘述了。

3）如果需要在视图中添加数据表或者视图，在窗口空白处用鼠标右键单击，弹出如图 8-8 所示的快捷菜单。在菜单中选择"添加表"命令，然后在弹出的选项卡中的表或者视图选项中添加。

4）若需要保存对视图的修改，设置完后单击工具栏上的"保存"按钮，将所做的修改保存起来。

图 8-7 修改视图

图 8-8 添加表

注意：在第 2）步可能出现"修改"选项呈现灰色，表示不可用，说明视图已被加密，不能使用此种方法对视图进行修改，只能使用下面要介绍的第二种方法，来对视图进行修改。

8.3.2 使用 ALTER VIEW 修改视图

使用 ALTER VIEW 语句对视图进行修改的语法格式为：

```
ALTER VIEW 视图名[ （字段名 ）[,.....n]]
[WITH   ENCRYPTION]
AS
SELECT 语句
[WITH CHECK OPTION]
```

其结构与 CREATE VIEW 语句相同，其中各选项含义也与 CREATE VIEW 语句相同，但是，视图名称必须是已经存在的视图名。

【例 8-4】 使用 ALTER VIEW 语句修改【例 8-2】所创建的"低价图书"视图，要求：将低价图书的价格改为 18 元。

在 SQL Server Management Studio 查询窗口中输入以下命令：

程序清单如下：

```
USE 学生图书管理系统
GO
ALTER VIEW 低价图书
WITH ENCRYPTION
AS
SELECT *
FROM 图书信息
WHERE 定价<18
```

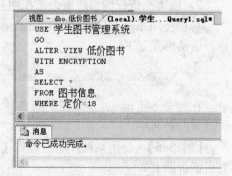
图 8-9 修改视图成功

执行完毕，结果如图 8-9 所示。

对比一下修改前和修改后的视图数据，查看一下是否修改视图成功，在图 8-10 中列出了定价小于 30 元的图书，在图 8-11 中，视图修改后，视图中的数据只剩下定价小于 18 元的图书，这说明，使用 ALTER VIEW 语句，已成功修改"低价图书"视图，虽然试图是被加密过的，但是使用这种方法仍然可以对视图进行修改。

图书名称	作者	图书类别	出版社名称	出版日期	定价
java语言程序...	张魁	计算机	机械出版社	2006-6-5 0:00:00	24.0000
数学习题	李强	数学	电子出版社	2006-4-7 0:00:00	29.0000
实用软件工程	吴明	计算机	高教出版社	2005-5-6 0:00:00	16.0000
%的应用	邱磊	数学	高教出版社	2007-5-4 0:00:00	16.0000
数学符号%	周鸽	数学	西电出版社	2008-9-8 0:00:00	16.0000

图 8-10　修改前视图数据

图书名称	作者	图书类别	出版社名称	出版日期	定价
实用软件工程	吴明	计算机	高教出版社	2005-5-6 0:00:00	16.0000
%的应用	邱磊	数学	高教出版社	2007-5-4 0:00:00	16.0000
数学符号%	周鸽	数学	西电出版社	2008-9-8 0:00:00	16.0000

图 8-11　修改后视图数据

8.4　视图的重命名及查看视图信息

在 SQL Server 2005 中，可以查看已定义视图的信息，也可以在不除去和重新创建视图的条件下更改视图名称。

8.4.1　重命名视图

在 SQL Server 2005 中为视图重命名的方法有两种。

1. 使用 SQL Server Management Studi 重命名视图

在 SQL Server Management Studio 中，选择要修改的视图，并用鼠标右键单击该视图，从弹出的如图 8-12 所示的快捷菜单中选择"重命名"选项。或者在视图上再次单击，也可以修改视图的名称。该视图的名称变成可输入状态，可以直接输入新的视图名称。

2. 使用系统存储过程重命名视图

可以使用系统存储过程 sp_rename 来修改视图的名称，语法形式如下：

图 8-12　重命名视图

```
sp_rename   old_name ,new_name
```

在这里 old_name 是原视图的名字，new_name 是要修改成的新名字。

【例 8-5】　使用系统存储过程将【例 8-2】中所创建的"低价图书"视图重命名为"计算机低价图书"，

程序清单如下：

```
sp_rename   低价图书,计算机低价图书
```

说明：如果需要在 SQL Server Management Studio 中看到修改结果，需要刷新窗口。

8.4.2 查看视图信息

在 SQL Server 2005 中可以通过两种方式查看视图信息。

1. 使用 SQL Server Management Studio 查看视图信息

在 SQL Server Management Studio 中查看视图内容的方法与查看数据表内容的方法几乎一致，下面以查看视图"学生借书信息"为例介绍如何查看视图。

1）启动 SQL Server Management Studio，在"对象资源管理器"窗口里，选择数据库"学生图书管理系统"，选择"视图"，选择要查看的视图"学生借书信息"。

2）用鼠标右键单击"学生借书信息"，在弹出的如图 8-13 所示的快捷菜单里选择"打开视图"选项，出现如图 8-14 所示的"查看视图数据信息"对话框，该对话框界面与查看数据表的对话框界面几乎一致，在此不再赘述。

图 8-13 打开视图

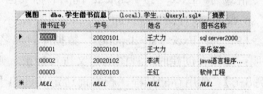

图 8-14 查看视图数据信息

3）如果要查看视图的相关性信息，可以选择"查看依赖关系"选项，会打开"对象依赖关系"窗口，在这里可以查看视图依赖的对象和依赖于视图的对象，在本例中没有其他对象依附于视图"学生借书信息"，因此没有此项，而视图"学生借书信息"依附的对象是下面列出的两个表"学生信息"和"租借信息"，如图 8-15 所示。

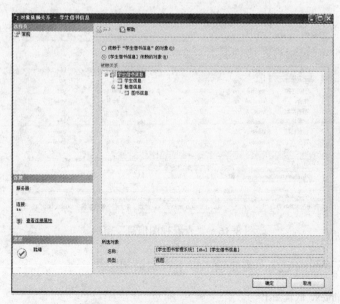

图 8-15 "对象依赖关系"窗口

2. 使用系统存储过程查看视图信息

创建视图后，也可以使用 SQL Server 自带的系统存储过程来浏览视图的信息，如视图的名称、视图的所有者、创建时间等。

视图的信息存放在以下几个 SQL Server 系统表中。

（1）sysobjects

（2）syscolumns

（3）sysdepends

（4）syscomments

SQL Server2005 中用于查看视图相关信息的存储过程有：

1）sp_help 存储过程：sp_help 可以显示数据库对象的特征信息。

命令格式为：Exec sp_help 视图名称（也可以是其他数据库对象名称）。

2）sp_helptext 存储过程：sp_helptext 可以显示视图、触发器或存储过程等在系统表中的定义，它们可以在任何数据库对象上运行。

命令格式为：Exec sp_helptext 视图名称（也可以是触发器、存储过程名称）。

3）sp_depends 存储过程：sp_depends 用于显示数据库对象所依赖的对象。

命令格式为：Exec sp_depends 数据库对象名称。

说明：如果在创建时对视图的定义进行加密，则不能查看视图的定义信息。

【例 8-6】 使用存储过程，查看前边定义过的"低价图书"视图的信息。

查询语句如下：

    exec sp_help 低价图书

查看结果如图 8-16 所示。

图 8-16 "查看视图信息"窗口

如果要查看该视图的定义，需要输入以下查询语句：

    exec sp_helptext 低价图书

由于该视图定义已被加密，因此无法查看，显示结果如图 8-17 所示。

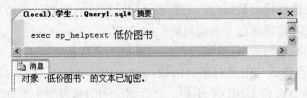

图 8-17 "查看被加密视图定义"窗口

换一个没有被加密过的视图看看结果。

【例 8-7】 使用存储过程，查看视图"学生借书信息"的定义信息和依赖信息。

查询语句如下：

    exec sp_helptext 学生借书信息

查看结果如图 8-18 所示。

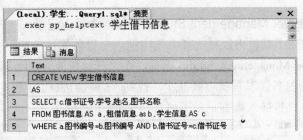

图 8-18 "查看视图学生借书信息"窗口

查看视图依赖信息的查询语句如下：

    exec sp_depends 学生借书信息

查看结果如图 8-19 所示。

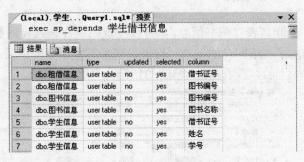

图 8-19 "查看视图依赖信息"窗口

8.5 通过视图修改表数据

用户对视图可以进行查询操作。对视图的查询实际上仍是在查询基表上的数据，因为视图不是在物理上存储的数据，同样地，对视图中的记录进行的插入、修改、删除也是作用在基表上的。通过视图进行检索数据时，对查询语句没有什么限制，但是，对视图进行插入、修改、删除等操作时，需要注意下面的原则：

1）修改视图中的数据时，每次修改都只能影响一个基表。

2）定义视图的查询语句中没有集合函数，如 AVG、SUM、COUNT 等；没有 TOP、DISTINCT、GROUP BY 和 UNION 子句，即查询语句的结果集中的列没有对基表中的列做修改。

3）如果在创建视图时指定了 WITH CHECK OPTION 选项，那么所有使用视图修改数据库的信息，必须保证修改后的数据满足视图定义的范围。

4）执行 UPDATE、DELETE 命令时，所更新和删除的数据必须包含在视图的结果集中。

5）当视图引用多个表时，无法用 DELETE 命令删除数据；若使用 UPDATE 命令与 INSERT 操作，被更新的列必须属于同一个表。

8.5.1 插入记录

1. 使用 SQL Server Management Studio 在视图中插入记录

【例 8-8】 在视图“高教出版社的图书”中插入一行数据。

启动 SQL Server Management Studio 工具，在“对象资源管理器”中展开“数据库”树形目录，选择“学生图书管理系统”数据库，找到“高教出版社的图书”视图，打开视图，在最下面的空行中，直接插入数据记录即可，结果如图 8-20 所示。

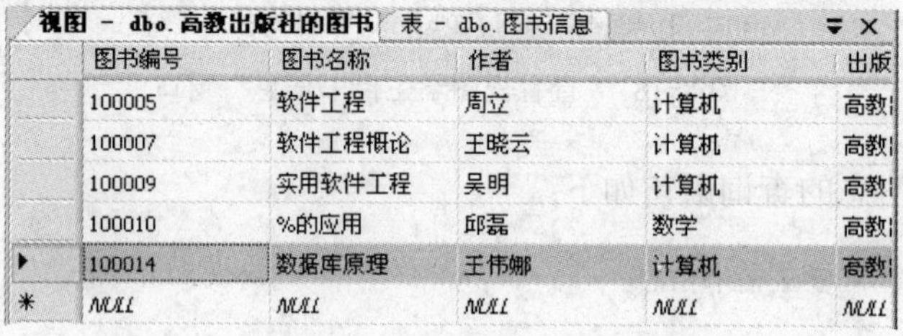

视图 - dbo.高教出版社的图书
表 - dbo.图书信息
图书编号
图书名称
作者
图书类别
出版
100005 软件工程 周立 计算机 高教
100007 软件工程概论 王晓云 计算机 高教
100009 实用软件工程 吴明 计算机 高教
100010 %的应用 邱磊 数学 高教
100014 数据库原理 王伟娜 计算机 高教
NULL NULL NULL NULL NULL

图 8-20 “在视图中插入数据”窗口

数据保存之后，返回到表“图书信息”，可以发现系统在插入视图数据的同时，为“图书信息”表也自动插入了一条同样的记录，这正说明了对视图中的记录进行的插入、修改、删除其实是作用在基表上的。查看窗口如图 8-21 所示。

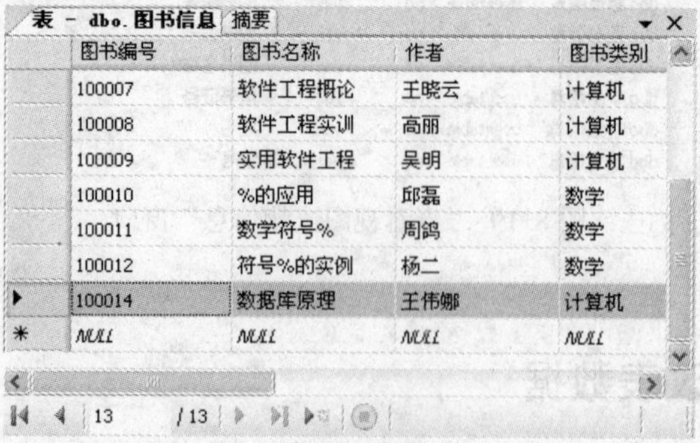

表 - dbo.图书信息
摘要
图书编号
图书名称
作者
图书类别
100007 软件工程概论 王晓云 计算机
100008 软件工程实训 高丽 计算机
100009 实用软件工程 吴明 计算机
100010 %的应用 邱磊 数学
100011 数学符号% 周鸽 数学
100012 符号%的实例 杨二 数学
100014 数据库原理 王伟娜 计算机
NULL NULL NULL NULL
13
/13

图 8-21 “基表更新数据”窗口

说明：在插入记录时，要符合基表的各种约束和索引规则，否则，插入不符合条件的记录是不能成功的。比如在插入"图书编号"时，又插入了一个"100012"，系统就会报错，如图 8-22 所示。

图 8-22　"系统提示错误"窗口

2．使用 Transact-SQL 语句通过视图插入数据

【例 8-9】　使用 Transact-SQL 语句向视图"高教出版社的图书"中插入一行数据。程序清单如下：

```
insert into  高教出版社的图书
values （'111015','sql2005 数据库应用基础','张三','计算机', '高教出版社',
2008-6-5,64.0,2008-9-8,'False'）
```

查询窗口如图 8-23 所示。

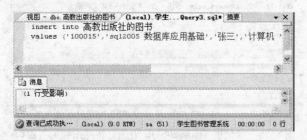

图 8-23　"通过视图插入数据"窗口

8.5.2　修改记录

除了通过视图对数据库增加记录外，也可以使用视图对数据库进行数据记录更新。有以下两种方法来通过视图对数据库记录进行修改。

1．使用 SQL Server Management Studio 在视图中更新记录

【例 8-10】　在视图"学生借书信息"中修改记录。

使用上一节插入记录同样的方法找到"学生借书信息"视图，打开视图，在出现的视图数据窗口中，直接修改数据记录即可，结果如图 8-24 所示。

2．使用 Transact-SQL 语句通过视图更新记录

使用 Transact-SQL 语句对视图更新记录。语法格式为：

```
UPDATE <视图名称>
SET <字段名>=<字段值>
[WHERE 条件子句]
```

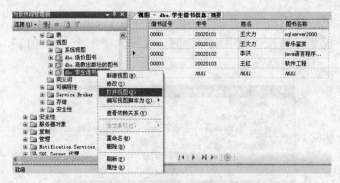

图 8-24   "通过视图更新数据"窗口

【例 8-11】 使用 Transact-SQL 语句修改视图"学生借书信息"中的数据，将借书证号为"00003"的学生姓名改为"李四"。

程序清单如下：

```
UPDATE 学生借书信息
SET 姓名='李四'
WHERE 借书证号='00003'
```

查询窗口如图 8-25 所示。

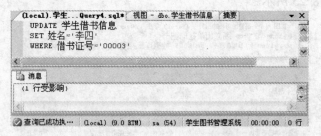

图 8-25   "使用 Transact-SQL 语句更新视图数据"窗口

查看一下"学生借书信息"视图就会发现，原来叫"王红"的同学，已经被修改为"李四"了，数据更新成功，界面如图 8-26 所示。同理，也可推断，在基表中的数据，也同时被更新了。

图 8-26   "姓名修改成功"窗口

8.5.3   删除记录

删除视图的数据也有两种方法：

1. 使用 SQL Server Management Studio 在视图中删除记录

【例 8-12】 在视图"学生借书信息"中删除一条数据。

在 SQL Server Management Studio 中找到"学生借书信息"视图，打开视图，在出现的视图数据窗口中，用鼠标右键单击要删除的记录，单击删除即可，结果如图 8-27 所示。

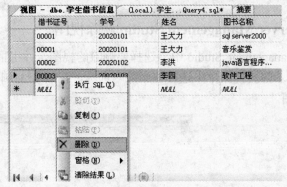

图 8-27 "删除视图记录"窗口

2. 使用 Transact-SQL 语句通过视图删除记录

【例 8-13】 使用 Transact-SQL 语句将视图"高教出版社的图书"中作者为"张三"的图书记录删除，执行结果如图 8-28 所示。

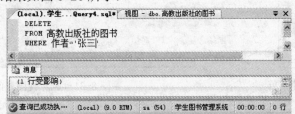

图 8-28 "使用 Transact-SQL 语句删除视图记录"窗口

程序清单如下：

```
DELETE
FROM 高教出版社的图书
WHERE 作者='张三'
```

说明：如果该视图引用多个表，则无法使用 DELETE 命令删除记录。例如，想删除视图"学生借书信息"中的记录，由于该视图引用了 3 个表，因此不能删除记录。提示界面如图 8-29 所示。

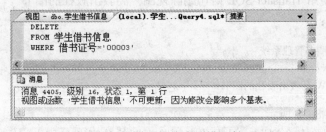

图 8-29 "修改多个表出错"窗口

8.6 删除视图

对于不再使用的视图，可以使用下面两种方式删除该视图。

8.6.1 使用 SQL Server Management Studio 删除视图

在 SQL Server Management Studio 中，选择要删除的视图，并用鼠标右键单击该视图，从弹出的如图 8-30 所示的快捷菜单中选择"删除"选项，在图 8-31 中单击"确定"按钮，就可以直接删除该视图。

图 8-30 删除快捷菜单

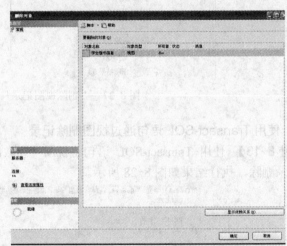

图 8-31 删除视图界面

说明：在确认删除视图前，应该查看视图的相关窗口，查看是否有数据库对象依赖于将要被删除的视图，如果存在这样的现象，那么首先确定是否还有必要保留该对象，如果没必要继续保存，则可以直接删除该视图，否则，应该放弃删除，或者把该对象的依赖关系改成对数据库表的依赖之后，再删除视图。

8.6.2 使用 Transact-SQL 语句删除视图

可以使用 Transact-SQL 语句中的 DROP VIEW 命令删除视图，语法格式如下：

```
DROP VIEW {view_name} [,...n]
```

【例 8-14】 使用 Transact-SQL 语句删除视图"高教出版社的图书"。
程序清单如下：

```
USE 学生图书管理系统
GO
DROP VIEW 高教出版社的图书
```

操作结果如图 8-32 所示。

如果要同时删除多个视图，只需要在删除视图的各视图名称之间用逗号隔开即可。例如，删除"高教出版社的图书"和"学生借书信息"两个视图。

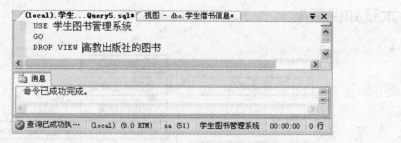

图 8-32　使用 DROP VIEW 删除视图界面

USE 学生图书管理系统
GO
DROP VIEW 高教出版社的图书,学生借书信息

注意：删除视图时，只是删除视图结构的定义，对于视图所包含的数据，并不会随着视图的删除而被删除，它们依然存储在与视图相关的基表中。

8.7　实训　创建和使用视图

8.7.1　实训目的

1）掌握如何创建视图。
2）掌握修改、删除视图方法。
3）掌握如何查看视图信息。
4）能够使用 T-SQL 语句对视图进行创建、查看、修改、删除操作。

8.7.2　实训内容

利用第 3、4 章实训中创建的"学生成绩管理系统"数据库及表，做如下操作：

1）分别使用控制台和 T-SQL 语句两种方式，从"学生表"、"成绩表"、"课程表"中创建视图"学生成绩"。其中的内容包括所有"计算机网络维护"专业的学生的信息，视图字段包括：学号、姓名、课程名、成绩、专业。

2）使用书中介绍的两种方式查看视图"学生成绩"，并使用 SELECT 语句列出视图的所有数据。

3）使用控制台和系统存储过程两种方法，将创建的"学生成绩"视图重命名为"计算机系学生成绩"。

4）使用控制台和 INSERT 语句两种方法，给新建视图"计算机系学生成绩"插入一条新的数据记录，并查看基表中是否添加了这条记录。

5）使用 DROP VIEW 命令删除所创建的视图。

8.8 本章知识框架

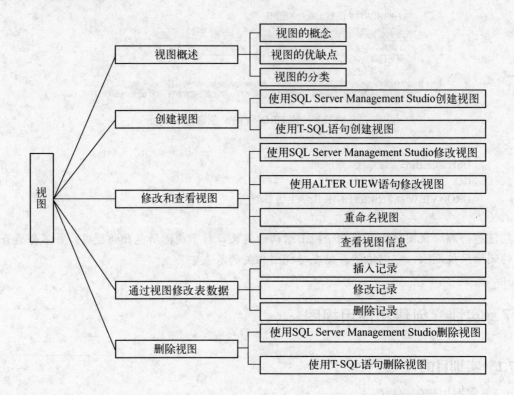

8.9 习题

1. 视图是用_____构造的。
2. 在 SQL Server 2005 中，创建视图的方法有_____和_____。
3. 使用_____ 选项可以对视图进行加密。
4. 视图是从一个或者多个数据表或视图中导出的_____。
5. 简述使用视图的优点。
6. 视图与数据表之间的主要区别有哪些？
7. 简述删除视图有几种方法？
8. 有哪些方法可以查看视图的信息？

第9章 存储过程和触发器

知识目标

- 了解存储过程的定义、优势及执行方法
- 掌握触发器的设计、实现及管理方法

技能目标

- 能够创建、执行、修改及删除存储过程
- 能够使用触发器解决问题

9.1 存储过程

9.1.1 什么是存储过程

存储过程是一组 Transact-SQL 语句,将一些固定的操作集中起来交给 SQL Server 数据库服务器完成,以实现某个任务。存储过程经编译后存储在数据库服务器中,可以接受参数并返回状态值和参数值。它们只需编译一次,以后即可多次执行。因为 Transact-SQL 语句不需要重新编译,所以执行存储过程可以提高性能。

9.1.2 为什么使用存储过程

开发 SQL Server 数据库时,T-SQL 程序语言是介于应用程序与 SQL Server 数据库之间的程序接口(Programming Interface)。使用 T-SQL 程序时,有两种不同的方法可存储和执行程序。一种是本书之前使用的查询窗口,读者可在此窗口输入 T-SQL 程序代码;另一种就是保存为存储过程,鉴于存储过程的特点,使 T-SQL 程序代码更为灵活,以供日后使用。

使用存储过程和数据库的好处是,可以充分利用数据库资源,减少程序代码,程序员的工作将更简便,写出来的代码也更简洁明了。使用存储过程的优点有:

1)能实现模块化程序设计。存储过程是根据实际功能的需要创建的一个程序模块,并被存储在数据库中。以后用户要完成该功能,只要在程序中直接调用该存储过程即可,而无需再编写重复的程序代码。存储过程可由数据库编程方面的专门人员创建,并可独立于程序源代码而进行修改和扩展。

2)提高性能。在服务器端执行,速度快。执行一次后,其执行规划就驻留在高速缓冲存储器,以后再次执行,就直接运行已经编译好的二进制代码,提高了系统性能。

3)提供安全机制。管理员可以不授予用户访问存储过程中涉及的表的权限,而只授予执行存储过程的权限。这样,既可以保证用户通过存储过程操纵数据库中的数据,又可以保证用户不能直接访问存储过程中涉及的表。用户通过存储过程来访问表，所能进行的操作是有限制的，从而保证了表中数据的安全性。

4）减少网络流量。一个需要数百行 T-SQL 代码的操作，如果将其创建成存储过程，那么使用一条调用存储过程的语句就可完成该操作。这样就可避免在网络上发送数百行代码，从而减少了网络负荷。

9.1.3　存储过程的类型

存储过程可以分为系统存储过程、本地存储过程、临时存储过程、远程存储过程和扩展存储过程等，在不同情况下需要执行不同的存储过程。

1）系统存储过程：这些存储过程存储在 master 数据库中，其前缀是 sp_。它允许系统管理员执行修改系统表的数据库管理任务，可以在任何一个数据库中执行，如图 9-1 所示。

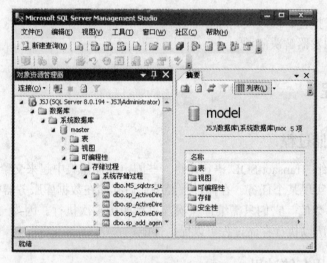

图 9-1　系统数据库中的存储过程

2）本地存储过程：是指在用户数据库中创建的存储过程，完成特定的数据库操作任务，其前缀不能是 sp_。

3）临时存储过程：属于本地存储过程。如果存储过程名称前面有"＃"，说明其是局部临时存储过程，这种存储过程只能在一个用户会话中使用；如果其前面有"＃＃"，说明其是全局临时存储过程，可以在所有用户会话中使用。

4）远程存储过程：从远程服务器上调用。

5）扩展存储过程：在 SQL Server 环境之外执行的动态链接库称为扩展存储过程，其前缀是 sp_。使用时需要先加载到 SQL Server 系统中，并且按照使用存储过程的方法执行。

图 9-1 显示的是 master 系统数据库的内容，在"可编程性"中有"存储过程"、"扩展存储过程"及"数据库触发器"等。只有系统数据库才有扩展存储过程，它是比存储过程更为"低级"的工具，可使用 C 语言等创建。扩展存储过程就像 DLL 链接库一样，可以扩展 SQL Server 的功能。

9.2　存储过程的定义和执行

9.2.1　创建简单存储过程

简单存储过程类似于给一组 SQL 语句起个名字，然后就可以在需要时反复调用。复杂一些的则要有输入和输出参数。

创建存储过程的基本语法如下：

```
CREATE   PROCEDURE 存储过程名称
[WITH ENCRYPTION]
[WITH RECOMPILE]
AS
SQL   语句
```

参数说明：

- WITH   ENCRYPTION：对存储过程进行加密。
- WITH   RECOMPILE：对存储过程重新编译。

【例 9-1】　创建一个查询学生"汪洋"的借书信息的"借书查询"存储过程。

创建代码如下：

```
USE  学生图书管理系统
GO
CREATE PROC 借书查询
AS
SELECT   姓名, 图书编号,借书日期,还书日期 FROM 学生信息 JOIN  租借信息
ON   学生信息.借书证号=租借信息.借书证号
WHERE  姓名='汪洋'
```

9.2.2　执行存储过程

存储过程创建完成后，可以使用 EXECUTE 语句来执行存储过程。

语法格式如下：

```
EXEC[UTE] 存储过程名称 [参数值,...]
```

若 EXECUTE 语句是批处理的第一条语句时，可以省略 EXECUTE。

【例 9-2】　执行【例 9-1】中的存储过程"借书查询"，结果如图 9-2 所示。

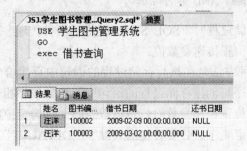

图 9-2　执行存储过程"借书查询"结果

执行代码如下：

```
USE  学生图书管理系统
GO
EXEC  借书查询
```

9.2.3 带参数的存储过程

带参数的存储过程提供了参数，大大提高了系统开发的灵活性。向存储过程提供输入、输出参数的目的是通过参数向存储过程输入和输出信息来扩展存储过程的功能。通过使用参数，可以多次使用同一存储过程，并按用户要求查找所需要的结果。在程序中调用存储过程时，可以通过输入参数将数据传给存储过程，存储过程可以通过输出参数和返回值将数据返回给调用它的程序。一个存储过程中最多可以有 1024 个参数。

1．带输入参数的存储过程

一个存储过程可以带一个或多个参数，输入参数是指由调用程序向存储过程传递的参数，它们在创建存储过程语句中被定义，在执行存储过程中给出相应的参数值。

语法格式如下：

```
CREATE  PROC[EDURE] 存储过程名称
@参数名  数据类型[=默认值] [, …n]
[WITH ENCRYPTION]
[WITH RECOMPILE]
AS
SQL 语句
```

在【例 9-1】中的"借书查询"这个存储过程只能对"汪洋"这个特定的学生进行查询，如果要查询任何指定学生的借书信息，就要在"借书查询"存储过程中使用输入参数。

【例 9-3】 创建某个班某个学生借书信息的存储过程。

```
USE  学生图书管理系统
GO
CREATE  PROC  借书查询2
@班级  varchar（10）='2002-02', @姓名  varchar（10）='汪洋'
AS
SELECT  姓名, 图书编号,借书日期,还书日期 FROM 学生信息 JOIN  租借信息
ON  学生信息.借书证号=租借信息.借书证号
WHERE  班级=@班级  AND  姓名=@姓名
```

执行带输入参数的存储过程时，SQL Server 提供了两种传递参数的方法，分别是使用参数名传递参数值和按参数位置传递参数值。

1）按位置传递。这种方法是在执行存储过程的语句中直接给出参数的值。当有多个参数时，给出的参数值的顺序与创建存储过程的语句中的参数顺序相一致，即参数传递的顺序就是参数定义的顺序。按位置传递参数时，也可以忽略允许为空值和有默认值的参数，但不能因此破坏输入参数的指定顺序。必要时使用关键字"DEFAULT"作为参数值的占位。

执行的语句为：

```
EXEC 借书查询2    '2002-03','王红'
```

2）通过参数名传递。这种方法是在执行存储过程的语句中，使用"@参数名=参数值"的形式给出参数值。当存储过程含有多个输入参数时，对数值可以按任意顺序给出，对于允许空值和具有默认值的输入参数可以不给参数值。

```
EXEC 借书查询2    @姓名='王红',@班级='2002-03'
```

3）使用默认参数值。执行存储过程时，不输入参数值。

```
EXEC 借书查询2
```

系统在执行存储过程时，自动将默认值"2002-02"传给输入参数@班级，"汪洋"传给输入参数@姓名，该执行结果将显示"2002-02"班的学生"汪洋"的借书信息。

2．带通配符输入参数的存储过程

【例9-4】 创建存储过程查询姓"王"的学生的借书信息。

创建代码如下：

```
USE 学生图书管理系统
GO
CREATE   PROC 借书查询3
@姓名   varchar（10）='王%'
AS
SELECT   姓名,图书编号,借书日期,还书日期 FROM 学生信息 JOIN   租借信息
ON   学生信息.借书证号=租借信息.借书证号
WHERE   姓名 LIKE   @姓名
```

执行代码如下：

```
EXEC 借书查询3   或   EXEC 借书查询3   '王%'
```

3．带输出参数的存储过程

通过定义输出参数，可以从存储过程中返回一个或多个值。定义输出参数需要在参数定义后加 OUTPUT 关键字。

语法格式如下：

```
CREATE   PROC[EDURE] 存储过程名称
@参数名   数据类型 [=默认值] OUTPUT [, …n]
[WITH ENCRYPTION]
[WITH RECOMPILE]
AS
SQL 语句
```

【例9-5】 创建查询某个学生所借图书的总价格的存储过程。

创建语句如下：

```
USE 学生图书管理系统
GO
```

```
CREATE PROC 借书总价格
@姓名  varchar（10）,@总价   money OUTPUT
AS
SELECT @总价=sum（定价）
FROM 学生信息 as a JOIN 租借信息 as b
ON a.借书证号=b.借书证号
JOIN 图书信息 as c
ON b.图书编号=c.图书编号
WHERE 姓名=@姓名
```

在程序中调用存储过程时，SQL Server 提供了两种传递参数的方法。OUTPUT 变量必须在定义存储过程和使用该变量时都进行定义。定义时的参数名和调用时的变量名不一定相同，不过数据类型和参数的位置必须匹配。

1）按位置传递参数。

```
DECLARE @总价格  money
EXEC 借书总价格 '汪洋',@总价格  OUTPUT
SELECT '汪洋所借图书的总价格是：',@总价格
```

2）通过参数名传递。

```
DECLARE @总价格   money
EXEC 借书总价格 @总价=@总价格 OUTPUT,@姓名='汪洋'
SELECT '汪洋所借图书的总价格是：',@总价格
```

9.3 存储过程的管理

9.3.1 查看存储过程的定义

在 SQL Server Management Studio 的"对象资源管理器"中，选中要查看的存储过程，用鼠标右键单击，在快捷菜单中选择"属性"，如图 9-3 所示，弹出"存储过程属性"窗口，如图 9-4 所示。

图 9-3 "借书查询"存储过程属性

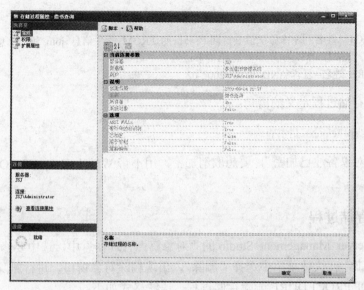

图 9-4 "存储过程属性"窗口

也可以通过系统存储过程 sp_helptext 查看存储过程的定义，通过 sp_help 查看存储过程的参数，通过 sp_depends 查看存储过程的相关性。

【例 9-6】 利用系统存储过程查看"借书查询"的相关信息。

代码如下：

```
EXEC sp_helptext 借书查询
EXEC sp_help 借书查询
EXEC sp_depends 借书查询
```

9.3.2 修改存储过程

在 SQL Server Management Studio 的"对象资源管理器"中，选中要修改的存储过程，用鼠标右键单击，在快捷菜单中选择"修改"，出现修改代码窗口进行修改即可。

使用 ALTER PROCEDURE 语句修改存储过程，语法格式如下：

```
ALTER   PROCEDURE 存储过程名称
[WITH ENCRYPTION]
[WITH RECOMPILE]
AS
SQL 语句
```

【例 9-7】 修改存储过程"借书查询"，使其按班级和姓名来查询，并修改为加密存储过程。

```
USE 学生图书管理系统
GO
ALTER PROC 借书查询
WITH   ENCRYPTION
```

```
AS
SELECT  姓名, 图书编号,借书日期,还书日期 FROM 学生信息 join 租借信息
on  学生信息.借书证号=租借信息.借书证号
WHERE  姓名='汪洋'AND  班级='2002-02'
```

执行查看存储过程定义的语句：

```
EXEC sp_helptext 借书查询
```

则显示结果"对象备注已加密"，要想取消加密，用不带 WITH ENCRYPTION 的修改语句再重新修改即可。

9.3.3 删除存储过程

在 SQL Server Management Studio 的"对象资源管理器"中，选中要修改的存储过程，用鼠标右键单击，在快捷菜单中选择"删除"，出现删除对象窗口，进行删除即可。

使用 DROP PROCEDURE 删除存储过程，语法格式如下：

```
DROP PROC[EDURE] 存储过程名称 [,...n]
```

【例 9-8】 删除存储过程"借书总价钱"。

```
DROP  PROCEDURE 借书总价钱
```

9.3.4 重新编译存储过程

存储过程所采用的执行计划，只在编译时优化生成，以后便驻留在高速缓存中。当用户对数据库新增了索引或做了其他影响数据库逻辑结构的更改后，已编译的存储过程执行计划可能会失去效率。通过对存储过程进行重新编译，可以重新优化存储过程的执行计划。

SQL Server 为用户提供了 3 种重新编译存储过程的方法。

1. 在创建存储过程时设定

在创建存储过程时，使用 WITH RECOMPILE 子句时 SQL Server 不将该存储过程的查询计划保存在缓存中，而是在每次运行时重新编译和优化，并创建新的执行计划。

【例 9-9】 重新创建【例 9-5】中存储过程"借书总价格"，使其每次运行时都重新编译和优化。

```
USE 学生图书管理系统
GO
CREATE PROC 借书总价格
@姓名 varchar（10）,@总价 money OUTPUT
WITH RECOMPILE
AS
SELECT @总价=sum（定价）
FROM 学生信息 as a JOIN 租借信息 as b
ON a.借书证号=b.借书证号
JOIN 图书信息 as c
ON b.图书编号=c.图书编号
```

```
                    WHERE  姓名=@姓名
```

执行代码：

```
DECLARE @总价格  money
EXEC  借书总价格  '汪洋',@总价格  OUTPUT
SELECT '汪洋所借图书的总价格是：',@总价格
```

此方法不经常使用，因为每次执行存储过程时都需要重新编译，降低了存储过程的执行速度。

2. 在执行存储过程时设定

通过在执行存储过程时设定重新编译，可以让 SQL Server 在执行存储过程时重新编译该存储过程，这一次执行完成后，新的执行计划又被保存在缓存中。这样用户就可以根据需要进行重新编译。

【例9-10】 创建存储过程"借书总价格"，以重新编译的方式执行一次该存储过程。

```
USE  学生图书管理系统
GO
CREATE PROC  借书总价格
@姓名  varchar（10），@总价  money OUTPUT
AS
SELECT @总价=sum（定价）
FROM  学生信息  as a JOIN  租借信息  as b
ON a.借书证号=b.借书证号
JOIN  图书信息  as c
ON b.图书编号=c.图书编号
WHERE  姓名=@姓名
```

执行语句如下：

```
DECLARE @总价格  money
EXEC  借书总价格  '汪洋',@总价格  OUTPUT with RECOMPILE
SELECT '汪洋所借图书的总价格是：',@总价格
```

此方法一般在存储过程创建后数据发生了明显变化时使用。

3. 通过系统存储过程设定重新编译

通过系统存储过程 sp_recompile 设定重新编译标记，使存储过程在下次运行时重新编译。其语法格式如下：

```
EXEC   sp_recompile 存储过程名称
```

【例9-11】 利用系统存储过程 sp_recompile 重新编译存储过程"借书总价格"。

代码如下：

```
EXEC sp_recompile 借书总价格
执行结果为"已成功地将对象'借书总价格' 标记为重新编译"。
```

9.4 触发器

9.4.1 触发器概述

触发器是一类特殊的存储过程,当触发器所保护的数据发生变化时,触发器就会自动执行,以保证数据的完整性和正确性。SQL Server 的触发器有两种:DML 触发器和 DDL 触发器。

9.4.2 创建 DML 触发器

1. DML 触发器概念

DML 触发器是当数据库服务器中发生数据操纵语言 DML 事件时执行的特殊存储过程,如 INSERT、UPDATE、DELETE 语句。

2. DML 触发器的类型

SQL Server 2005 提供了两种 DML 触发器:AFTER 触发器和 INSTEAD OF 触发器。

AFTER 触发器在一个 INSERT、UPDATE 或 DELETE 语句之后执行,进行约束检查等动作都在 AFTER 触发器被激活之前发生,AFTER 触发器只能作用于表,一个表的每个修改动作可以包含多个 AFTER 触发器。

INSTEAD OF 触发器用于替代引起触发器执行的 T-SQL 语句,在约束检查之前被激活,INSTEAD OF 触发器能作用于表和视图,一个表或视图的修改动作只能包含一个 INSTEAD OF 触发器。

3. DML 触发器的执行过程

在 SQL Server 2005 中,执行 DML 触发器时,系统创建了两个特殊的逻辑表:Inserted 表和 Deleted 表。这两个表的结构总是与被触发器作用的表的结构完全相同。这两个表创建在数据库服务器的内存中,由 SQL Server 自动创建和管理,用户只能对其进行读取,不能修改。触发器执行完成后,这两个表也会从内存中删除。

Deleted 表:存放由于执行 DELETE 或 UPDATE 语句而要从表中删除的所有行。在执行 DELETE 或 UPDATE 操作时,被删除的行从激活触发器的表中被移动到 Deleted 表中,这两个表不会有共同的行。

Inserted 表:存放由于执行 INSERT 或 UPDATE 语句而要从表中插入的所有行。在执行 INSERT 或 UPDATE 操作时,新的行同时添加到激活触发器表和 Inserted 表中,Inserted 表的内容是激活触发器表中的新行的拷贝。对数据的更新操作类似于在删除记录之后执行记录的插入操作,首先旧行被复制到 Deleted 表中,然后新行被复制至触发器表和 Inserted 表中。

4. 创建方法

语法格式如下:

```
CREATE   TRIGGER 触发器名称
ON  表|视图
[WITH ENCRYPTION]
```

```
FOR|AFTER|INSTEAD OF
[INSERT][,][UPDATE][,][DELETE]
AS
[IF UPDATE（列名）[AND|OR UPDATE（列名）][…n]]
SQL 语句
```

参数说明：

- 表|视图：在其上定义触发器的表或视图，AFTER 触发器只能定义在表上，INSTEAD OF 触发器可以定义在表上，也可以定义在视图上。

- WITH ENCRYPTION：加密 CREATE TRIGGER 语句的文本。

- FOR|AFTER：FOR 与 AFTER 同义，指定触发器只有在触发 SQL 语句中指定的所有操作都已成功后才激发。所有的引用级联操作和约束检查也必须成功完成后，才能执行此触发器。

- INSTEAD OF：指定执行触发器而不执行造成触发的 SQL 语句，从而替代造成触发的语句，其优先级高于触发语句。

- [INSERT][,][UPDATE][,][DELETE]：指定在表上执行哪些数据修改语句时将激活触发器的关键字，必须至少指定一个选项，在触发器定义中允许使用任意顺序组合的这些关键字。

- IF UPDATE（列名）：测试在指定的列上进行的 INSERT 或 UPDATE 操作，不能用于 DELETE 操作，可以指定多列。若要测试在多个列上进行的 INSERT 或 UPDATE 操作，要分别单独地指定 UPDATE（列名）子句。在 INSERT 操作中 IF UPDATE 将返回 TRUE 值。

【例 9-12】 在"图书信息"表上创建 INSERT 触发器"出版日期"，使表中只存储'2003-01-01'以后出版的书目。

创建语句如下：

```
USE  学生图书管理系统
GO
CREATE TRIGGER  出版日期 ON 图书信息
AFTER INSERT
AS
IF （SELECT  出版日期 FROM inserted ）<'2003-01-01'
    BEGIN
    PRINT '本库只存储"2003-01-01"后出版的书籍'
    ROLLBACK TRANSACTION
    END
```

在"图书信息"表上执行插入操作，代码如下：

```
insert into  图书信息
（图书编号,出版日期）  values （100014,'2002-01-09'）
结果显示'本库只存储"2003-01-01"后出版的书籍'
```

若执行语句：

```
insert into 图书信息
（图书编号,出版日期） values （100014,'2003-01-09'）
```

则该书被收录入图书信息表。

【例 9-13】 在"租借信息"表中创建 UPDATE 触发器"修改借书证号"，若对借书学生的借书证号修改，则给出提示信息，并取消修改操作。

创建代码如下：

```
USE 学生图书管理系统
GO
CREATE TRIGGER 修改借书证号
ON 租借信息
AFTER UPDATE
AS
IF UPDATE（借书证号）
BEGIN
PRINT'不能修改借书证号'
ROLLBACK TRANSACTION
END
```

执行语句：

```
UPDATE 租借信息
set 借书证号='00002' WHERE 借书证号='00001'
```

则结果显示'不能修改借书证号'。当然，学生信息表和租借信息表有外键关系，进行外键等约束检查在 AFTER 触发器执行之前进行。

【例 9-14】 在"学生信息"表上创建一个 DELETE 触发器，当从"学生信息"表中删除一个学生的记录时，对应删除该学生在"租借信息"表中的所有记录（两表之间没有外键关系）。

代码如下：

```
CREATE TRIGGER 删除学生记录
ON 学生信息
AFTER DELETE
AS
DELETE FROM 租借信息
WHERE 借书证号=（SELECT 借书证号 FROM deleted）
```

9.4.3 创建 DDL 触发器

1. DDL 触发器概念

DDL 触发器和常规触发器一样，它将激发存储过程以响应事件。与 DML 触发器不同的是，DDL 触发器不会为响应针对表或视图的 INSERT、UPDATE、DELETE 语句而被激发，只是为响应以 CREATE、ALTER 和 DROP 开头的数据定义语言（DDL）语句而激发，DDL 触发器能够用于管理任务，例如审核和控制数据库操作。只有在运行触发 DDL 触发器的

DDL 语句之后，DDL 触发器才能被激活，DDL 触发器不能作为 INSTEAD OF 触发器使用。

2. 创建方法

语法格式如下：

```
CREATE   TRIGGER  触发器名称
ON  服务器|数据库
[WITH ENCRYPTION]
FOR|AFTER   DDL 语句名称
AS
SQL 语句
```

【例 9-15】 创建一个 DDL 触发器"防止删除表"，防止数据库中的任意一个表被修改或删除。

创建代码如下：

```
USE  学生图书管理系统
GO
CREATE TRIGGER  防止删除表
ON DATABASE
FOR DROP_TABLE, ALTER_TABLE
AS
PRINT   '对不起，学生图书管理系统数据库中的表不能删除'
ROLLBACK TRANSACTION
```

9.5 触发器的管理

9.5.1 查看触发器的定义

1. 查看 DML 触发器

在 SQL Server Management Studio 的"对象资源管理器"中，依次展开节点"数据库"→"学生图书管理系统"→"表"→"图书信息"→"触发器"→"出版日期"，选中触发器"出版日期"，用鼠标右键单击，在弹出的快捷菜单中可以根据需要选择修改、禁用或删除等操作，如图 9-5 所示。

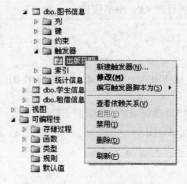

图 9-5 查看 DML 触发器

另外，还可以使用系统存储过程 sp_helptext、sp_help 和 sp_depends 来查看触发器的定义、参数和相关性。

2. 查看 DDL 触发器

DDL 触发器有两种，一种是作用在当前 SQL Server 服务器上，另一种是作用在当前数据库中。

1）作用在当前 SQL Server 服务器上。

选择所在的 SQL Server 服务器，定位到"服务器对象"中的"触发器"，在"摘要"对话框中就可以看到所有作用在当前 SQL Server 服务器上的 DDL 触发器。

2）作用在当前数据库中。

在 SQL Server 服务器上，通过"数据库"选择所在的数据库，然后定位到"可编程性"中的"数据库触发器"，在摘要对话框中就可以看到所有的当前数据库中的 DDL 触发器。

9.5.2 修改触发器

1. 修改 DML 触发器

用户可以使用 ALTER TRIGGER 语句来修改 DML 触发器，在保留现有触发器名称的同时，修改触发器的动作和内容。

语法格式如下：

```
ALTER  TRIGGER 触发器名称
ON  表|视图
[WITH ENCRYPTION]
FOR|AFTER|INSTEAD OF
[INSERT][,][UPDATE][,][DELETE]
AS
[IF UPDATE（列名）[AND|OR UPDATE（列名）][...n]]
SQL 语句
```

【例 9-16】 对【例 9-12】中创建的"出版日期"触发器进行加密。

代码如下：

```
USE 学生图书管理系统
GO
ALTER TRIGGER  出版日期 ON 图书信息
WITH ENCRYPTION
AFTER INSERT
AS
IF （SELECT  出版日期 FROM  inserted ）<'2003-01-01'
    BEGIN
    PRINT '本库只存储"2003-01-01"后出版的书籍'
    ROLLBACK TRANSACTION
    END
```

测试代码如下：

```
EXEC sp_helptext  出版日期
```

则结果显示对象备注已加密。要想取消加密，用不带 WITH ENCRYPTION 的修改触发器语句重新修改即可。

2. 修改 DDL 触发器

语法格式如下：

```
ALTER    TRIGGER  触发器名称
ON  服务器|数据库
[WITH ENCRYPTION]
FOR|AFTER    DDL 语句名称
AS
SQL 语句
```

【例 9-17】 修改 DDL 触发器"防止删除表"，防止数据库中的任意一个表被删除。

代码如下：

```
USE  学生图书管理系统
GO
ALTER TRIGGER  防止删除表
ON DATABASE
FOR DROP_TABLE
AS
PRINT   '对不起，学生图书管理系统数据库中的表不能删除'
ROLLBACK    TRANSACTION
```

9.5.3 删除触发器

使用 DROP TRIGGER 语句删除 DML 触发器，语法格式如下：

```
DROP TRIGGER  触发器名称[,...n]
```

【例 9-18】 删除"出版日期"触发器。

```
DROP TRIGGER  出版日期
```

使用 DROP TRIGGER 语句删除 DDL 触发器，语法格式如下：

```
DROP TRIGGER  触发器名称[,...n]
      ON ALL SERVER | DATABASE
```

【例 9-19】 删除 DDL 触发器"防止删除表"。

代码如下：

```
USE  学生图书管理系统
GO
DROP TRIGGER  防止删除表
ON DATABASE
```

9.5.4 启用和禁用触发器

禁用和启用的语法格式如下:

> ALTER TABLE 表名
> ENABLE|DISABLE TRIGGER
> ALL|触发器名称[,...n]

使用该语句可以禁用或启用指定表上的某些触发器或所有触发器。

【例9-20】 禁用和启用DML触发器"修改借书证号"。

禁用代码如下:

> ALTER TABLE 租借信息
> DISABLE TRIGGER 修改借书证号

启用代码如下:

> ALTER TABLE 租借信息
> ENABLE TRIGGER 修改借书证号

9.6 实训 存储过程和触发器的创建和应用

9.6.1 实训目的

1) 掌握简单和带参数存储过程的创建和调用方法。
2) 学会使用触发器来维护数据完整性。

9.6.2 实训内容

1. 存储过程在"学生成绩管理系统"中的应用

1) 创建一个不带参数的简单存储过程。

查询成绩在 60～80 分之间的学生的学号、姓名、课程名、成绩。

2) 创建一个带输入参数的存储过程。

根据一个学生的学号或姓名,输出该学生的相关信息,包括:学号、姓名、专业、课程名、成绩。

3) 创建一个存储过程,通过输出参数返回某一门课程的总分和平均分。

2. 触发器在"学生成绩管理系统"中的应用

1) 在"成绩表"上添加"是否补考"列,如果成绩不及格,则自动在此列上添加"是",如果成绩及格将自动在此列上添加"否"。

2) 创建触发器"修改学号",若"学生表"中的学号被修改,则"成绩表"中对应的数据也发生相应的变化。

3) 创建触发器"删除课程信息",若删除"课程表"中的行数据,将同时删除"成绩表"中该课程的全部信息。

9.7 本章知识框架

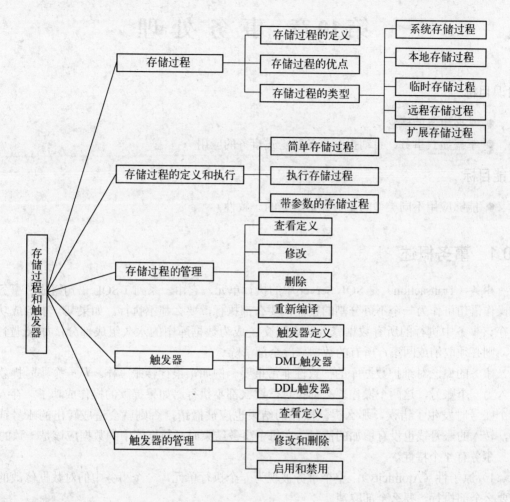

9.8 习题

1. 使用存储过程有哪些优缺点？
2. 什么是触发器？SQL Server 2005 支持哪两种触发器？它们有什么不同？
3. 简述 Inserted 表和 Deleted 表在触发器执行过程中的作用。

第10章 事务处理

知识目标

- 掌握事务的概念
- 掌握显式事务、自动提交事务和隐式事务的应用

技能目标

- 能够应用不同类型的事务保证数据的一致性

10.1 事务概述

事务（Transaction）是 SQL Server 中的执行单元，它由一系列 T-SQL 语句组成。事务中的操作语句可作为一个不可分割的整体，要么都执行，要么都不执行。如果某一事务成功，则在该事务中进行的所有数据修改均会提交，成为数据库中的永久组成部分，如果遇到错误，则必须取消或回滚，所有的数据修改全部清除。

事务的概念对维护数据库的一致性非常重要。例如，银行转账工作。从一个账号提款并存入另一个账号，这两个操作要么都执行，要么都不执行。如果提款的操作成功了，存入另一个账号时发生了错误，那么提款操作的结果也应被撤销，否则就会造成转出的账号钱少了，转入的账号钱也没有增加的情况。在每个事务结束时，数据库中的数据应该是一致的。

事务有 4 个特性。

1）原子性（Atomicity）：整个事务被视为一个执行单元，一个事务中的对数据修改的操作要么全部执行，要么全部取消。

2）一致性（Consistency）：事务完成后，数据库的内容必须全部更新妥当（包括各个数据表、索引等均处于一致的状态），而且仍然具备数据的完整性（例如，要符合数据表的 CHECK、FOREIGN KEY 等各项限制）。

3）隔离性（Isolation）：事务所做的修改必须与任何其他并发事务所做的修改隔离。事务查看数据时数据所处的状态，要么是另一并发事务修改它之前的状态，要么是另一事务修改它之后的状态，事务不会查看中间状态的数据。

4）持久性（Durability）：事务完成之后，它所做的修改将永远地在系统中保存下来，即使出现系统故障也将一直保持。

SQL Server 有以下 3 种事务模式。

1）显式事务：每个事务均以 BEGIN TRANSACTION 语句显式开始，而以 COMMIT TRANSACTION 或 ROLLBACK TRANSACTION 等语句显式结束。

2）隐性事务：在 T-SQL 脚本中，当执行"SET IMPLICIT_TRANSACTIONS ON"语句

后，系统即进入隐性事务模式，在前一个事务完成时新事务隐式启动，直到执行 COMMIT TRAN 或 ROLLBACK TRAN 语句，结束该事务。要结束隐性事务模式，只要将 IMLICIT_TRANSACTIONS 再设为 OFF 即可。由于事务是以连接为单位，因此隐性事务的设置也只限于当前的连接，而不会影响到其他连接。隐性模式一般只用在测试或查错上，由于会占用大量资源，因此建议在数据库实际运作时不采用。

3）自动提交事务：如果一个 T-SQL 语句成功地完成，则自动提交该语句；如果遇到错误，则自动回滚该语句。自动提交事务是 Microsoft SQL Server 的默认事务管理模式。

10.2 显式事务

显式事务是指能够显式地在其中定义事务的开始和结束的事务模式。

10.2.1 BEGIN TRANSACTION 语句

定义一个显式事务的开始，语法为

BEGIN TRAN[SACTION] [事务名称 [WITH MARK['描述']]]

参数说明：

- 事务名称：仅在成对嵌套的 BEGIN…COMMIT 或 BEGIN…ROLLBACK 语句的最外层使用。命名时应遵循标识符命名规则，但是不允许标识符多于 32 个字符。
- WITH MARK['描述']：指定该事务在事务日志中被标记，"描述"是对这一标记的描述。使用 WITH MARK 子句的事务必须指定事务名。
- BEGIN TRANSACTION 语句一执行，@@TRANCOUNT（事务个数）的值就增 1。

10.2.2 COMMIT TRANSACTION 语句

COMMIT TRANSACTION 语句结束一个用户定义的事务，保证对数据的修改已经成功地写入数据库。

语法如下：

COMMIT [TRAN[SACTION][事务名称]]

参数说明：事务名称为 BEGIN TRANSACTION 语句定义的事务名。

执行 COMMIT TRANSACTION 语句后，本次事务所做的所有修改都被永远地保存到数据库中，并且@@TRANCOUNT 的值减 1。

10.2.3 ROLLBACK TRANSACTION 语句

ROLLBACK TRANSACTION 语句回滚一个事务到事务的开始处或一个保存点。
语法如下：

ROLLBACK TRAN[SACTION] 事务名称

参数说明：事务名称：为 BEGIN TRANSACTION 语句定义的事务名。

ROLLBACK TRANSACTION 语句的执行将撤销自事务开始所做的一切修改，并释放掉事务占有的所有资源。在执行 COMMIT 后不能再执行 ROLLBACK TRANSACTION，同样执行 ROLLBACK TRANSACTION 后也不能执行 COMMIT 语句。事务回滚到起始点，则 @@TRANCOUNT 的值减 1。

【例 10-1】 将"图书信息"表中图书编号为"100005"的图书定价减 5 元，若修改后定价小于 15 元，则不进行更新。

代码如下：

```
BEGIN TRANSACTION
UPDATE  图书信息
SET  定价=定价-5 WHERE  图书编号='100005'
IF  （SELECT  定价  FROM  图书信息  WHERE  图书编号='100005'）<15
BEGIN
ROLLBACK TRAN
PRINT '价格小于 15 元，不进行更新！'
END
ELSE
BEGIN
COMMIT TRAN
PRINT '价格修改完毕！'
END
```

10.3   自动提交事务

自动提交模式是 SQL Server 的默认事务管理模式。每个 T-SQL 语句完成时都被提交或回滚。若一个语句执行成功，则提交该语句，若遇到错误，则回滚该语句。只要自动提交模式没有被显式或隐式事务替代，SQL Server 连接就以该默认模式进行操作。自动提交模式也是 ADO、OLE DB、ODBC 和 DB-Library 的默认模式。

【例 10-2】 将"图书信息"表中所有"高教出版社"的图书定价减 20 元（定价列上有 CHECK 约束，定价>0）。

代码如下：

```
UPDATE 图书信息
SET  定价=定价-20 WHERE  出版社名称='高教出版社'
```

该语句会更改到"图书信息"表中的许多条记录，若其中有一条记录无法更改（例如，定价减 20 后小于等于 0，违反了该字段的检查约束），在自动提交模式下则会自动将已更改的记录全部回滚，并回滚到未执行 UPDATE 前的状态。

10.4   隐式事务

隐式事务表示在当前事务提交或回滚后，SQL Server 自动开始的事务。隐式事务无需使用 BEGIN TRANSACTION 语句标志事务的开始，只需结束或回滚事务。在回滚后，SQL

Server 又开始一个新的事务。

启动隐式事务：SET IMPLICIT_TRANSACTIONS ON

关闭隐式事务：SET IMPLICIT_TRANSACTIONS OFF

结束或回滚事务：COMMIT TRANSACTION、COMMIT WORK、ROLLBACK TRAN-SACTION 或 ROLLBACK WORK。

【例 10-3】 创建一个表"练习"以及往表中输入数据来测试隐式事务，整个结果如图 10-1 所示。

图 10-1　隐式事务代码执行结果

创建表代码如下：

```
SET IMPLICIT_TRANSACTIONS ON
CREATE TABLE  练习
(
图书编号  char（5）  PRIMARY KEY,
定价  money check（定价>10）
)
SELECT @@TRANCOUNT
运行以上代码，@@TRANCOUNT 的值为 1。
```

插入代码如下：

```
INSERT INTO  练习  values  （'10001',20）
SELECT @@TRANCOUNT
```

运行插入数据代码，@@TRANCOUNT 的值仍为 1，因为已经打开了一个事务，所以 SQL Server 没有开始一个新的事务。

提交事务代码：

```
COMMIT TRANSACTION
运行后，@@TRANCOUNT 的值变为 0。
```

最后用 SET IMPLICIT_TRANSACTIONS OFF 语句关闭隐式事务。

10.5　实训　事务的创建和应用

10.5.1　实训目的

1）掌握事务的控制语句。

2）掌握事务的基本操作和应用方法。

10.5.2　实训内容

1）定义一个事务，修改"学生表"中某个学生的学号后，"成绩表"中该学生的学号也要进行相应的修改。

2）定义一个事务，提交该事务后，将"计算机应用基础"这门课所有学生的成绩减少 5%。

10.6　本章知识框架

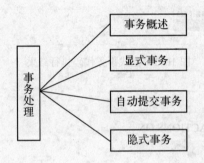

10.7　习题

1．什么是事务？

2．事务的基本特性有哪些？

3．SQL Server 的事务模式有哪几种？各自怎样开始和结束？

第11章　SQL Server 2005 的安全管理

知识目标

- 理解 SQL Server 2005 的两种登录验证机制，熟悉系统登录验证过程
- 理解登录账户
- 理解数据库用户

技能目标

- 掌握登录账户的管理
- 掌握用户的管理
- 掌握数据库权限的设置

11.1　SQL Server 2005 的安全机制

SQL Server 的安全模型分为 3 层结构。

1）服务器安全管理。

2）数据库安全管理。

3）数据库对象的访问权限管理。

11.1.1　SQL Server 2005 的访问控制

与 SQL Server 安全模型的 3 层结构相对应，SQL Server 的数据访问要经过三关的访问控制。

1. 用户必须登录到 SQL Server 的服务器实例上

要登录到服务器实例，用户首先要有一个登录账号，即登录名，登录时首先对该登录名进行身份验证，确认合法才能登录到 SQL Server 服务器实例。

固定的服务器角色可以指定给登录名。

2. 在要访问的数据库中，用户的登录名要有对应的数据库账号

在一个服务器实例上有多个数据库，一个登录名要想访问哪个数据库，就要在该数据库中将登录名映射到哪个数据库中，这个映射称为数据库用户账号或用户名。

一个登录名可以在多个数据库中建立映射的用户名，但是在每个数据库中一个登录名只能建立一个映射用户名。

数据库角色可以指定给数据库用户，sa 登录名，会自动映射到每个数据库的 dbo 用户。

3. 数据库用户账号要具有访问相应数据库对象的权限

通过数据库用户名的验证，用户可以使用 SQL Server 语句访问数据库，但是用户可以

使用哪些 SQL 语句，以及通过这些 SQL 语句能够访问哪些数据库对象，则还要通过语句执行权限和数据库对象访问权限的控制。

通过了上述三关的访问控制，用户才能访问到数据库中的数据。

11.1.2 SQL Server 2005 登录身份验证模式

SQL Server 2005 验证所有用户连接的访问权限，因此所有用户连接都必须指定身份验证模式和凭据。有两种身份验证模式可供选择：Windows 身份验证和混合模式身份验证。它们控制应用程序用户如何连接到 SQL Server，并且可以创建两种类型的 SQL Server 登录：Windows 登录和 SQL Server 登录，它们控制对 SQL Server 实例的访问。为了帮助管理对 SQL Server 有管理权限的主体的登录，可以将这些登录安排给固定服务器角色。

身份验证和登录名是 SQL Server 的第一级安全性保护，因而要为环境配置最安全的选项。

SQL Server 2005 系统身份验证模式有两个选项：Windows 身份验证模式（Windows Authentication Mode）和混合模式（Mixed Mode）。

1. Windows 身份验证模式

Windows 身份验证，依赖 Windows 提供的身份验证，这在企业范围内进行安全性维护和部署被认为是更安全的方法，如图 11-1 所示。

图 11-1　SQL Server 2005 系统身份验证模式-Windows 身份验证

2. 混合模式

用户通过 Windows 身份验证或者 SQL Server 身份验证都可以访问 SQL Server。这种方法对应用程序需要访问数据库比较方便和灵活，如图 11-2 所示。

图 11-2　SQL Server 2005 系统身份验证模式-混合模式身份验证

系统管理员在安装后可以通过以下步骤更改安全模式。

1）在 SQL Server Management Studio 对象资源管理器中，用鼠标右键单击服务器，再单击"属性"。

2）在"安全性"页上的"服务器身份验证"下，选择新的服务器身份验证模式，再单击"确定"按钮，如图 11-3 所示。

3）需要重新启动 SQL Server。

图 11-3　设置服务器身份验证模式

11.2　管理服务器的安全性

SQL Server 提供了既有效又容易的安全管理模式，这种安全管理模式是建立在安全身份验证和访问许可两者机制上的。

11.2.1　SQL Server 登录账户

安全身份验证用来确认登录 SQL Server 的用户的登录账号和密码的正确性，由此来验证该用户是否具有连接 SQL Server 的权限。任何用户在使用 SQL Server 数据库之前，必须经过系统的安全身份验证。

11.2.2　添加登录账户

登录账号提供身份验证和映射用户的方法，而通过用户可以映射特定的权限到数据库。否则，即使拥有登录账号，还是无法进行数据库的访问。

1）打开 SSMS 并连接到目标服务器，在"对象资源管理器"窗口中，单击"安全性"节点前的"＋"号，展开安全节点。在"登录名"上单击鼠标右键，弹出快捷菜单，从中选择"新建登录名（N）…"命令，如图 11-4 所示。

图 11-4　利用对象资源管理器创建登录

2）出现"登录名"对话框，单击需要创建的登录模式前的单选按钮，选定验证方式。如图 11-5 所示，并完成"登录名"、"密码"、"确认密码"和其他参数的设置。

3）选择"服务器角色"项，出现服务器角色设定页面，如图 11-6 所示，用户可以为此用户添加服务器角色。

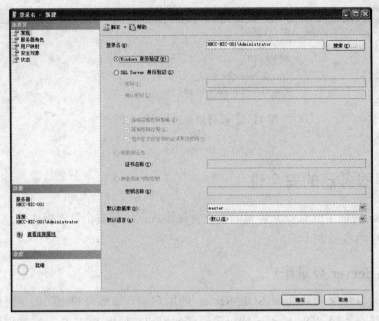

图 11-5 "登录名"对话框

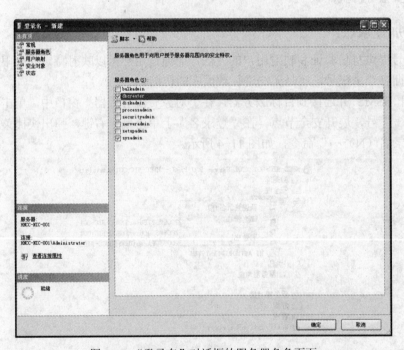

图 11-6 "登录名"对话框的服务器角色页面

4）选择"登录名"对话框中的"用户映射"项，进入映射设置页面，可以为这个新建的登录添加映射到此登录名的用户，并添加数据库角色，从而使该用户获得数据库的相应角色对应的数据库权限，如图 11-7 所示。

单击"登录名"对话框底部的"确定"按钮，完成登录名的创建。

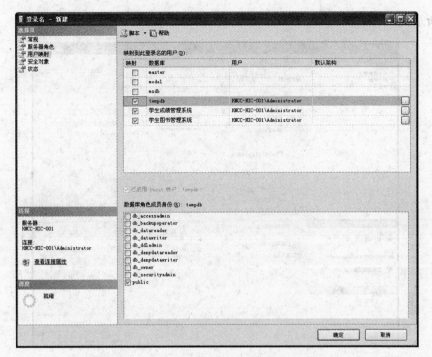

图 11-7 "登录名"对话框的用户映射页面

11.2.3　修改登录账户属性

对于登录账号，如果其属性不能满足需要时，可以对其进行修改。

1）在 SQL Server Management Studio 中，打开对象资源管理器并展开要修改属性的登录账号，在登录账号上单击鼠标右键，在弹出菜单中选择"属性"命令，如图 11-8 所示。

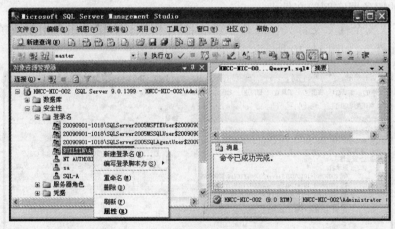

图 11-8　打开登录名属性

2）在"登录属性"窗口中，"常规"项可以对密码、默认数据库和默认语言进行修改；"服务器角色"项可以查看或更改登录名在固定服务器角色中的成员身份；"用户映射"可以查看或修改 SQL 登录名到数据库用户的映射；"状态"可以设置与所选登录相关的选项，如

图 11-9 所示。

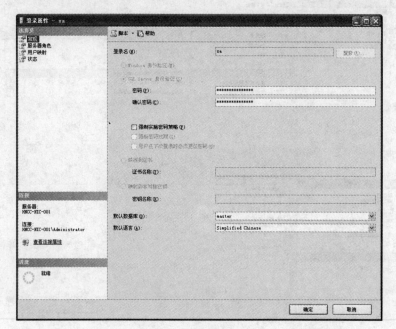

图 11-9 "登录属性"窗口

11.2.4 拒绝或禁用登录账户

在有些情况下，需要拒绝或者禁用登录账号，可以通过在 SQL Server Management Studio 中进行操作。

1）在 SQL Server Management Studio 中，打开对象资源管理器并展开要在其中拒绝或禁用登录账户的服务器实例的文件夹。

2）展开"安全性"文件夹，展开"登录名"，用鼠标右键单击要拒绝或禁用的登录账户，选择"属性"，如图 11-10 所示。

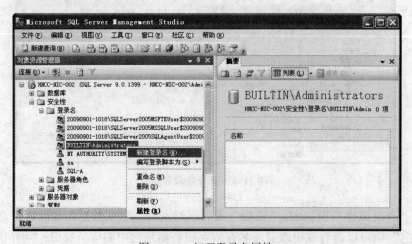

图 11-10 打开登录名属性

3）在"登录属性"页上用鼠标左键单击"状态"。

连接到数据库引擎的权限:选择"授予"以允许此登录连接到此 SQL Server 数据库引擎实例,选择"拒绝"可以阻止此登录进行连接。使用此按钮,可授予或撤销 CONNECT SQL 权限。

登录:选择此项可启用或禁用此登录,如图 11-11 所示。

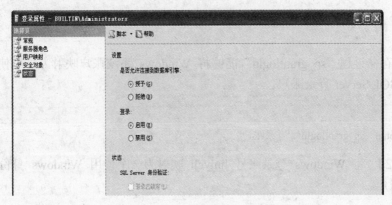

图 11-11 "登录属性"窗口

11.2.5 删除登录账户

对于不用的登录账号,为了确保系统的安全,最好把该账户删除。

操作方法是在 SQL Server Management Studio 中,打开"对象资源管理器"并展开要删除的登录账号,在登录账号上单击鼠标右键,在弹出菜单中选择"删除"命令即可,如图 11-12 所示。

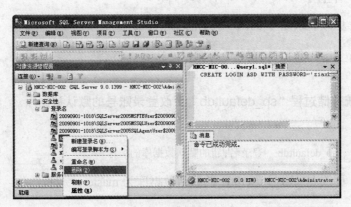

图 11-12 删除登录名

11.2.6 通过 SQL 语句管理登录账户

1. 通过系统存储过程 "sp_addlogin" 创建登录名

1）系统存储过程"sp_addlogin"能够创建新的 SQL Server 登录,该登录允许用户使用 SQL Server 身份验证连接到 SQL Server 实例。

语法：

    Execute   sp_addlogin   '登录名', '密码', '默认数据库' [, '默认语言']

【例 11-1】 新建身份验证登录账号 user001，密码为 001，默认数据库为学生图书管理系统。

    Exec   sp_addlogin   'user001', '001', '学生图书管理系统'
    Go

2）系统存储过程"sp_grantlogin"能够将 Windows 系统账户映射为一个使用 Windows 身份验证的 SQL Server 登录账户。

语法：

    Execute   sp_grantlogin   '登录账户'

【例 11-2】 将 Windows 登录账号 hnjycjl 映射为一个使用 Windows 身份验证的 SQL Server 登录账户。

    Exec   sp_grantlogin   'hnjtzyjs-30f464\hnjycjl'
    Go

注意：Windows 账户必须使用"域名\用户"格式。

2. 通过系统存储过程"sp_password"更改登录名的密码

语法：

    Execute   sp_password   '原密码', '新密码', '登录名'

【例 11-3】 更改登录账号 user001 的密码为 000。

    Exec   sp_password   '001', '000', 'user001'
    Go

3. 通过系统存储过程"sp_defaultdb"更改登录账号的默认数据库

语法：

    Execute   sp_defaultdb   '登录名', '新的默认数据库的名称'

【例 11-4】 更改登录账号 user001 的默认数据库为 master。

    Exec   sp_defaultdb   'user001', 'master'
    Go

4. 通过系统存储过程"sp_droplogin"删除登录账号

语法：

    Execute   sp_droplogin   '登录名'

【例 11-5】 删除登录账号 user001。

```
Exec  sp_droplogin   'user001'
Go
```

5．通过系统存储过程"sp_denylogin"暂时禁止一个 Windows 身份验证的登录账户

语法：

```
Execute   sp_denylogin  '登录名'
```

【例 11-6】 禁止 Windows 登录账号 hnjtzyjs-30f464\hnjycjl。

```
Exec  sp_denylogin    'hnjtzyjs-30f464\hnjycjl'
Go
```

注意：该命令只能禁止 Windows 身份验证的账户。

6．通过系统存储过程"sp_revokelogin"删除一个 Windows 身份验证的登录账号

语法：

```
Execute  sp_revokelogin   '登录名'
```

【例 11-7】 删除 Windows 登录账号 hnjtzyjs-30f464\hnjycjl。

```
Exec  sp_revokelogin    'hnjtzyjs-30f464\hnjycjl'
Go
```

11.2.7 服务器角色

1．服务器角色概述

服务器角色是指根据 SQL Server 的管理任务，以及这些任务相对的重要性等级来把具有 SQL Server 管理职能的用户划分为不同的用户组，每一组所具有的管理 SQL Server 的权限都是 SQL Server 内置的。服务器角色存在于各个数据库之中，要想加入用户，该用户必须有登录账号以便加入到角色中。SQL Server 2005 提供了如表 11-1 所示的固定服务器角色。

表 11-1　固定服务器角色

固定服务器角色类型	角 色 权 限
Bulkadmin	固定服务器角色的成员可以运行 bulk insert 语句
Dbcreator	固定服务器角色的成员可以创建、更改、删除和还原任何数据库
Diskadmin	固定服务器角色的成员可以管理磁盘文件
Processadmin	固定服务器角色的成员可以管理 SQL Server 运行的进程
Securityadmin	固定服务器角色的成员可以管理登录名及其属性和权限
Serveradmin	固定服务器角色的成员可以更改服务器范围的配置选项和关闭服务器
Setupadmin	固定服务器角色的成员可以添加和删除链接服务器，并可以执行某些系统存储过程
Sysadmin	固定服务器角色的成员可以执行任何活动

2．利用 SSMS 给登录账号分配服务器角色

在 SSMS 中，可以按以下步骤为用户分配固定服务器角色，从而使该用户获取相应的

权限。

1）在"对象资源管理器"中，单击服务器前的"+"号，展开服务器节点。单击"安全性"节点前的"+"号，展开安全性节点。这时在次节点下面可以看到固定服务器角色，如图 11-13 所示。在要给用户添加的目标角色上单击鼠标右键，弹出快捷菜单，从中选择"属性（R）"命令。

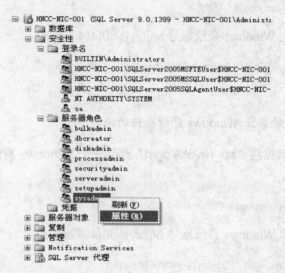

图 11-13 利用对象资源管理器为用户分配固定服务器角色

2）出现"服务器角色属性"对话框，如图 11-14 所示，单击"添加（D）…"按钮。

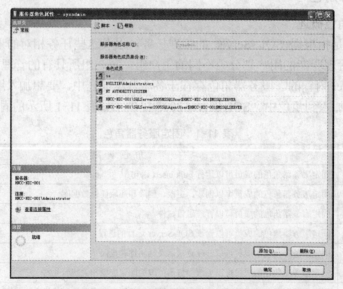

图 11-14 "服务器角色属性"对话框

3）出现"选择登录名"对话框，如图 11-15 所示，单击"浏览（B）…"按钮。

4）出现"查找对象"对话框，在该对话框中，选择目标用户前的复选框，选中其用户，如图 11-16 所示，单击"确定"按钮。

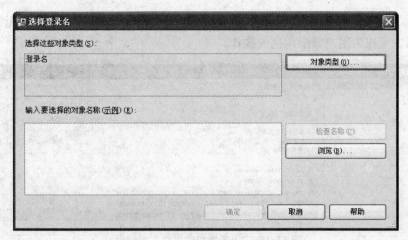

图 11-15 "选择登录名" 对话框

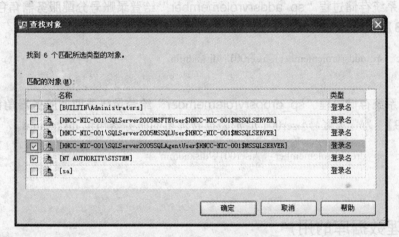

图 11-16 "查找对象" 对话框

5）回到"选择登录名"对话框，可以看到选中的目标用户已包含在对话框中，确定无误后，如图 11-17 所示，单击"确定"按钮。

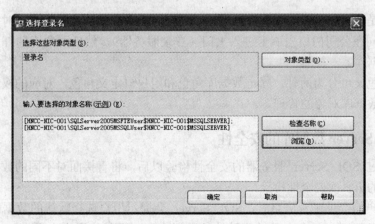

图 11-17 "选择登录名" 对话框

6）回到"服务器角色属性"对话框，如图 11-18 所示。确定添加的用户无误后，单击"确定"按钮，完成为用户分配角色的操作。

图 11-18 "服务器角色属性"对话框

3．利用系统存储过程"sp_addsrvrolemember"给登录账号分配服务器角色

【例 11-8】 为登录账号 user001 指定磁盘管理员的服务器角色 diskadmin。

```
Exec   sp_ addsrvrolemember   'user001', 'diskadmin'
go
```

4．利用系统存储过程"sp_dropsrvrolemember"给登录账号取消服务器角色

【例 11-9】 为登录账号 user001 取消磁盘管理员的服务器角色 diskadmin。

```
Exec  sp_ dropsrvrolemember    'user001', 'diskadmin'
go
```

11.3 管理数据库的用户

当用户通过身份验证，以某个登录账号连接到 SQL Server 以后，还必须取得相应数据库的"访问许可"，才能使用该数据库。这种用户访问数据库权限的设置是通过用户账号来实现的。

登录账号是属于服务器的层面，而登录者要使用服务器中的数据库数据时，必须要有用户账号。就如同在公司门口先刷卡进入大门（登录服务器），然后再拿钥匙打开自己的办公室门（进入数据库）一样。

数据库角色又可分为两种，固定数据库角色和用户自定义角色，对应的权限是数据库的权限，用于对数据库对象的管理。

11.3.1 SQL Server 数据库的安全性

在用户通过 SQL Server 服务器的安全性检验以后，将直接面对不同的数据库入口，这是用户将接受的第二次安全性检验。

在建立用户的登录账号信息时，SQL Server 会提示用户选择默认的数据库。以后用户每次连接上服务器后，都会自动转到默认的数据库上。对任何用户来说，master 数据库的门总是打开的，设置登录账号时没有指定默认的数据库，则用户的权限将局限在 master 数据库以内。

在默认的情况下只有数据库的拥有者才可以访问该数据库的对象，数据库的拥有者可以分配访问权限给别的用户，以便让别的用户也拥有针对该数据库的访问权利。

数据库的安全管理主要是对数据库用户的合法性和操作权限的管理。数据库用户（在不会引起混淆的情况下简称用户）是指具有合法身份的数据库使用者，角色是具有一定权限的用户组。

11.3.2　添加数据库用户

1）打开 SSMS 并连接到目标服务器，在"对象资源管理器"窗口中，单击"数据库"节点前的"＋"号，展开数据库节点。单击要创建用户的目标数据库节点前的"＋"号，展开目标数据库节点"学生图书管理系统"。单击"安全性"节点前的"＋"号，展开"安全性"节点。在"用户"上单击鼠标右键，弹出快捷菜单，从中选择"新建用户（N）…"命令，如图 11-19 所示。

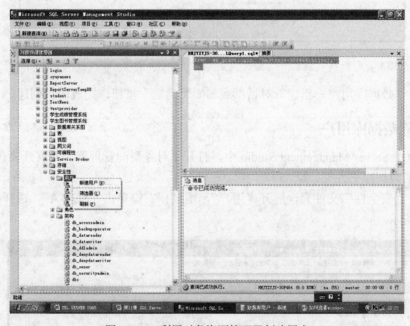

图 11-19　利用对象资源管理器创建用户

2）出现"数据库用户－新建"对话框，在"常规"页面中，填写"用户名"，选择"登录名"和"默认架构"名称。添加此用户拥有的架构，添加此用户的数据库角色，如图 11-20 所示。

注意： 架构（Schema）是一组数据库对象的集合，它被单个负责人（可以是用户或角色）所拥有并构成唯一命名空间，可以将架构看成是对象的容器。

在 SQL Server 2000 中，用户（User）和架构是隐含关联的，即每个用户拥有与其同名的架构。

图 11-20　新建数据库用户

3）单击"数据库用户－新建"对话框底部的"确定"按钮，完成用户创建。

11.3.3　删除数据库用户

1）在 SQL Server Management Studio 中，打开"对象资源管理器"并展开要在其中添加数据库用户的数据库文件夹。

2）展开"安全性"文件夹，展开"用户"，用鼠标右键单击"SQL-A"，选择"删除"，如图 11-21 所示。

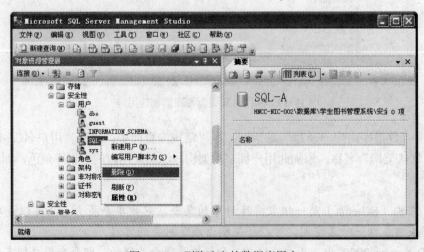

图 11-21　删除选定的数据库用户

11.3.4 修改数据库用户

1）打开 SSMS 并连接到目标服务器，在"对象资源管理器"窗口中，单击"数据库"节点前的"＋"号，展开数据库节点。单击要创建用户的目标数据库节点前的"＋"号，展开目标数据库节点"学生图书管理系统"。单击"安全性"节点前的"＋"号，展开"安全性"节点。在"用户"上选中某个用户，单击鼠标右键，弹出快捷菜单，选择"属性"，如图 11-22 所示。

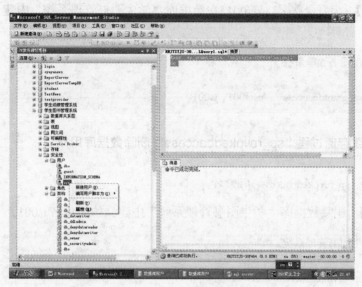

图 11-22　修改数据库用户

2）出现如图 11-23 所示的"数据库用户"对话框，在"常规"页面中，重新填写"用户名"，选择"登录名"和"默认架构"名称。添加此用户拥有的架构，添加此用户的数据库角色，单击"确定"按钮即可。

图 11-23　"数据库用户"对话框

11.3.5 通过 SQL 语句管理数据库用户

1. 利用系统存储过程"sp_grantdbaccess"添加数据库用户

语法：

> Execute sp_ grantdbaccess '登录名','用户名'

【例 11-10】 为登录账号 user001 在数据库"学生图书管理系统"中建立用户名 ts001 的数据库用户。

> Use 学生图书管理系统
> Go
> Exec sp_grantdbaccess 'user001', 'ts001'
> Go

2. 利用系统存储过程"sp_revokedbaccess"删除数据库用户

语法：

> Execute sp_revokedbaccess '用户名'

【例 11-11】 删除数据库"学生图书管理系统"中建立的用户名 ts001。

> Use 学生图书管理系统
> Go
> Exec sp_revokedbaccess 'ts001'
> Go

11.3.6 数据库角色

数据库角色是为某一用户或某一组用户授予不同级别的管理或访问数据库以及数据库对象的权限，这些权限是数据库专有的，并且还可以使一个用户具有属于同一数据库的多个角色。

SQL Server 提供了两种类型的数据库角色：固定的数据库角色、用户自定义的数据库角色。

固定的数据库角色（见表 11-2）是指 SQL Server 已经定义了这些角色所具有的管理、访问数据库的权限，而且 SQL Server 管理者不能对其所具有的权限进行任何修改。SQL Server 中的每一个数据库中都有一组固定的数据库角色，在数据库中使用固定的数据库角色可以将不同级别的数据库管理工作分配给不同的角色，从而有效地实现工作权限的传递。

表 11-2 固定数据库角色

固定数据库角色类型	角 色 权 限
db_owner	可以执行数据库中所有动作的用户
db_accessadmin	可以添加、删除用户的用户
db_datareader	可以查看所有数据库中用户表内数据的用户
db_datawriter	可以添加、修改或删除所有数据库中用户表内数据的用户

212

固定数据库角色类型	角 色 权 限
db_ddladmin	运行所有 DDL 语句，对任何表上授予 REFERENCESE 权限，使用系统过程 sp_procoption 和 sp_recompile 来修改任何存储过程的结构，使用系统过程 sp_rename 为任何数据库对象重命名，使用系统过程 sp_tableoption 和 sp_changeobjectowner 分别修改表的选项及任何数据库对象的拥有者
db_securityadmin	可以管理数据库中与安全权限有关的所有动作的用户
db_backoperator	可以备份数据库的用户可以发布 DBCC 和 CHECKPOINT 语句，这两个语句一般在备份前都会被执行
db_denydatareader	不能看到数据库中任何数据的用户
db_denydatawriter	不能改变数据库中任何数据的用户
public	public 角色是一种特殊的固定数据库角色，数据库的每个合法用户都属于该角色。public 角色为数据库中的所有用户都保留了默认的权限

创建用户定义的数据库角色就是创建一组用户，这些用户具有相同的一组许可。如果一组用户需要执行在 SQL Server 中指定的一组操作并且不存在对应的 Windows 组，或者没有管理 Windows 用户账号的许可，就可以在数据库中建立一个用户自定义的数据库角色。用户自定义的数据库角色有两种类型：

● 标准角色。

● 应用程序角色。

标准角色通过对用户权限等级的认定而将用户划分为不用的用户组，使用户总是相对于一个或多个角色，从而实现管理的安全性。所有的固定的数据库角色或 SQL Server 管理者自定义的某一角色都是标准角色。

应用程序角色是一种比较特殊的角色。如果让某些用户只能通过特定的应用程序间接地存取数据库中的数据而不是直接地存取数据库数据时，就应该考虑使用应用程序角色。当某一用户使用了应用程序角色时，便放弃了已被赋予的所有数据库专有权限，所拥有的只是应用程序角色被设置的角色。通过应用程序角色，能够以可控制方式来限定用户的语句或者对象许可。

1. 利用 SQL Server Management Studio 创建用户定义的数据库角色

1）展开要添加新角色的目标数据库，单击目标数据库节点下的"安全性"节点前的"+"号，展开此节点。在"角色"节点上单击鼠标右键，弹出快捷菜单，选择快捷菜单中的"新建数据库角色"命令，如图 11-24 所示。

2）在出现的"新建数据库角色"窗口中，在名称文本框中输入该数据库角色的名称；单击架构前的复选框，可设定此角色拥有的架构；单击"添加"按钮，可将数据库用户增加到新建的数据库角色中，单击"确定"按钮即可完成新的数据库角色的创建，如图 11-25 所示。

2. 使用 SQL Server Management Studio 创建应用程序角色

1）在 SQL Server Management Studio 中，打开"对象资源管理器"并展开指定的服务器以及指定的数据库。

2）展开"安全性"文件夹，用鼠标右键单击"应用程序角色"图标，从弹出的快捷菜单中选择"新建应用程序角色"选项，如图 11-26 所示。

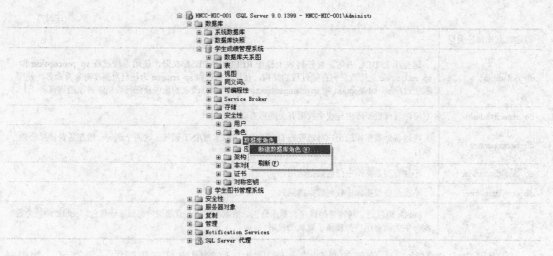

图 11-24　新建数据库角色

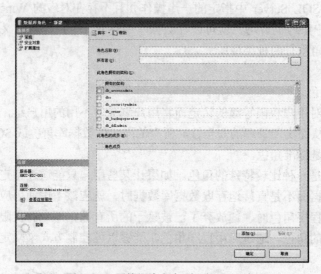

图 11-25　"数据库角色-新建"对话框

图 11-26　新建应用程序角色

3）在出现的新建应用程序角色窗口中，在"角色名称"文本框中输入该新建应用程序角色的名称；单击架构前的复选框，可设定此角色拥有的架构；在"密码"文本框中设定应用程序角色的密码；在"默认架构"文本框中，单击浏览按钮，设定应用程序角色的默认架构；单击"确定"按钮即可完成新的数据库角色的创建，如图 11-27 所示。

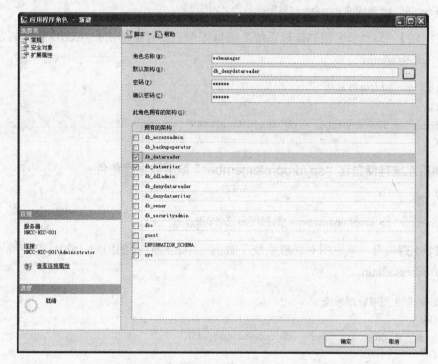

图 11-27 "应用程序角色-新建"对话框

3. 使用 SQL Server Management Studio 删除自定义的角色

1）在 SQL Server Management Studio 中，打开"对象资源管理器"并展开指定的服务器以及指定的目标数据库。

2）在目标数据库下，单击"角色"节点，在角色的详细列表中，用鼠标右键单击要删除的数据库角色，在弹出的快捷菜单中选择"删除"命令。

3）在弹出的对话框中，单击"确定"按钮确认删除。

4. 使用 SQL Server Management Studio 增加和删除数据库角色成员

1）在 SQL Server Management Studio 中，打开"对象资源管理器"并展开指定的服务器以及指定的目标数据库。

2）在目标数据库下，单击"角色"节点，在角色的详细列表中双击要增加或删除成员的数据库角色，或用鼠标右键单击角色名称，在弹出的快捷菜单中选择"属性"命令。

3）在弹出的"数据库角色属性"对话框中，执行下列操作：如果要添加新的数据库用户成为该角色的成员，可单击"添加"按钮，然后在"选择数据库用户或角色"对话框中单击"浏览"按钮，弹出"查找对象"对话框，选择一个或多个数据库用户，将其添加到数据库角色中去。如果要删除一个成员，可以在"数据库角色属性"对话框成员列表中选中该成员，单击"删除"按钮。

11.3.7 通过 SQL 语句管理数据库角色

1. 利用系统存储过程"sp_addrolemember"指定数据库角色

语法：

```
Execute  sp_addrolemember  '数据库角色名','用户名'
```

【例 11-12】 为"学生图书管理系统"数据库中已经存在的用户 ts001 指定固定的数据库角色 db_accessadmin。

```
Use 学生图书管理系统
Go
Exec  sp_addrolemember  'db_accessadmin','ts001'
Go
```

2. 利用系统存储过程"sp_droprolemember"取消数据库角色

语法：

```
Execute  sp_droprolemember  '数据库角色名','用户名'
```

【例 11-13】 为"学生图书管理系统"数据库中已经存在的用户 ts001 取消固定的数据库角色 db_accessadmin。

```
Use 学生图书管理系统
Go
Exec  sp_droprolemember  'db_accessadmin','ts001'
Go
```

3. 利用系统存储过程"sp_addrole"创建自定义数据库角色

语法：

```
Execute  sp_addrole  '数据库角色名'
```

【例 11-14】 在"学生图书管理系统"数据库中添加自定义的数据库角色 role1。

```
Use 学生图书管理系统
Go
Exec  sp_addrole  'role1'
Go
```

4. 利用系统存储过程"sp_droprole"删除自定义的数据库角色

语法：

```
Execute  sp_droprole  '数据库角色名'
```

【例 11-15】 删除在"学生图书管理系统"数据库中添加的自定义的数据库角色 role1。

```
Use 学生图书管理系统
Go
Exec  sp_droprole  'role1'
```

```
        Go
```

注意：在删除角色时，如果角色中有成员，会产生删除失败的错误，为保证操作成功，首先要删除角色中的所有成员。

11.4　数据库用户权限管理

权限管理是 SQL Server 安全管理的最后一关，访问权限指明用户可以获得哪些数据库对象的使用权，以及用户能够对这些对象执行何种操作。

11.4.1　权限管理中的几个概念

权限管理是指将安全对象的权限授予主体、取消或禁止主体对安全对象的权限。

1．主体

主体是可以请求 SQL Server 资源的个体、组和过程。主体分类如表 11-3 所示。

表 11-3　主体分类

主　　体	内　　容
Windows 级别的主体	Windows 域名登录名、Windows 本地登录名
SQL Server 级别的主体	SQL Server 登录名
数据库级别的主体	数据库用户、数据库角色和应用程序角色

2．安全对象

安全对象是 SQL Server Database Engine 授权系统控制对其进行访问的资源。每个 SQL Server 安全对象都有可能授予主体的关联权限，如表 11-4 所示。

表 11-4　安全对象内容

安 全 对 象	内　　容
服务器	端点、登录名和数据库
数据库	用户、角色、应用程序角色、程序集、消息类型、路由、服务、远程服务绑定、全文索引、证书、非对称密钥、约定和架构
架构	类型、XML 架构集合和对象
对象	聚合、约束、函数、过程、队列、统计信息、同义词、表和视图

3．架构

架构是形成单个命名空间的数据库实体的集合。命名空间是一个集合，其中每个元素的名称都是唯一的。在 SQL Server 2005 中，架构独立于创建它们的数据库用户而存在，可以在不更改架构名称的情况下转让架构的所有权。

完全限定的对象包括 4 个部分：server.database.schema.object。

SQL Server 2005 引入了默认架构的概念，用于解析未使用其完全限定名称引用的对象的名称。在 SQL Server 2005 中，每个用户都有一个默认架构，用于指定服务器在解析对象的名称时将要搜索的第一个架构。如果未定义默认架构，数据库用户将把 DBO 作为其默认架构。

4. 权限

在 SQL Server 2005 中，能够授予的安全对象和权限的组合有 181 种，其中主要的安全对象权限如表 11-5 所示。

表 11-5　安全对象内容

安 全 对 象	权　　限
数据库	BACKUP DATABASE、BACKUP LOG、CREATE DATABASE、CREATE FUNCTION、CREATE PROCEDURE、CREATE RULE、CREATE TABLE、CREATE VIEW
标量函数	EXECUTE 和 REFERENCES
表值函数、表和视图	DELETE、INSERT、UPDATE、SELECT 和 REFERENCES
存储过程	DELETE、EXECUTE、INSERT、UPDATE、SELECT

11.4.2　权限管理

权限管理是指对访问对象权限和执行语句权限的设置。权限可以通过数据库用户或数据库角色进行管理。

权限管理的内容包括以下 3 个方面。

（1）授予权限

授予权限即允许某个用户或角色对一个对象执行某种操作或语句。使用 SQL 语句 GRANT 实现该功能，在图形界面下用在复选框"☑"中选择对号实现该功能。

（2）拒绝访问

拒绝访问即拒绝某个用户或角色对一个对象执行某种操作，即使该用户或角色曾经被授予了这种操作的权限，或者由于继承而获得了这种权限，仍然不允许执行相应的操作。使用 SQL 语句 DENY 实现该功能，在图形界面下用在复选框"☒"中选择叉号实现该功能。

（3）取消权限

取消权限即不允许某个用户或角色对一个对象执行某种操作或语句。不允许和拒绝是不同的，不允许执行某个操作，可以通过间接授予权限来获得相应的权限；而拒绝某操作，间接授权也无法起作用，只有通过直接授权才能改变。取消授权，使用 SQL 语句 REVOKE 实现该功能，在图形界面下用在复选框"□"中选择空白实现该功能。

使用 SQL Server Management Studio 管理用户权限的步骤如下：

1）打开 SSMS，在"对象资源管理器"窗口中，单击"数据库"节点前的"＋"号，展开数据库节点。选择目标数据库节点"学生图书管理系统"。

2）在目标数据库中选择指定的表，例如"图书信息"表。在表上用鼠标右键单击，在快捷菜单中选择"属性"。在"表属性"窗口（见图 11-28）中，选择"权限"选项，单击"添加"按钮，弹出"选择用户或角色"对话框（见图 11-29），再单击"浏览"按钮，弹出"查找对象"对话框，选择要添加的用户或角色，如图 11-30 所示。

3）单击"确定"按钮返回"表属性"窗口，在窗口的下部会出现对于表的各种操作的权限，如图 11-31 所示。

4）选择需要设置权限的用户或角色。设置该用户对每个具体权限的"授予"、"具有授予"及"拒绝" 3 种权限。例如，授予用户 ts001 对表"图书信息"的插入（Insert）和查询（Select）权限，而拒绝了其对表的删除权限。

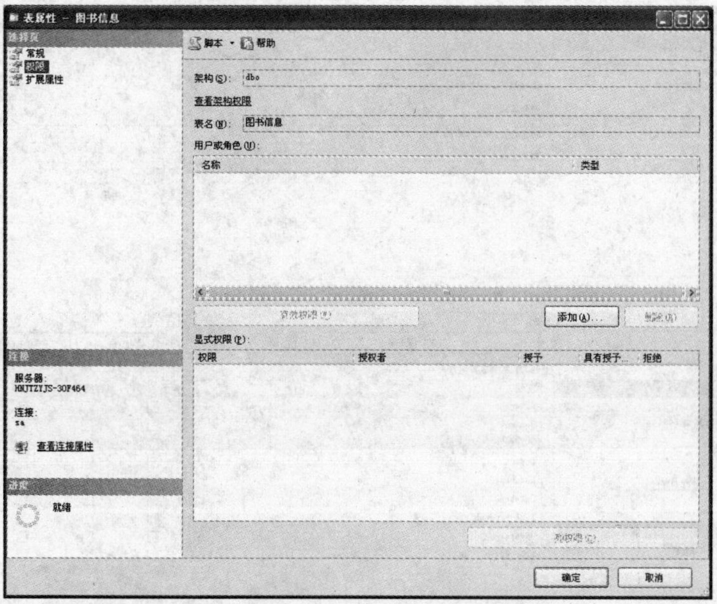

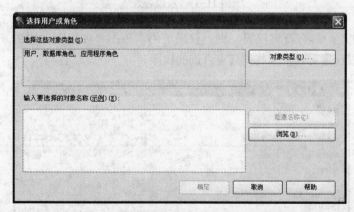

图 11-28 "表属性"窗口

图 11-29 "选择用户或角色"对话框

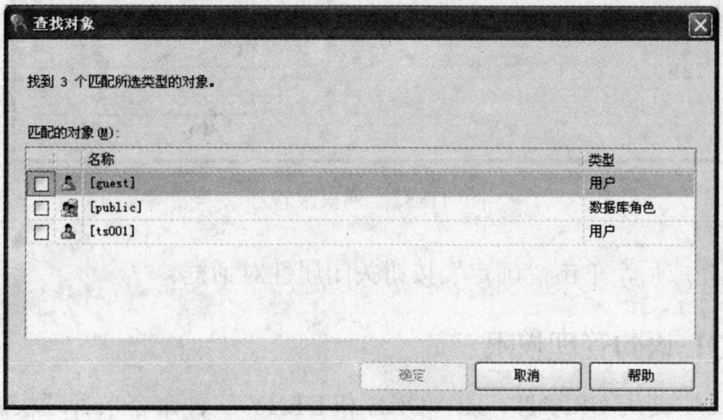

图 11-30 "查找对象"对话框

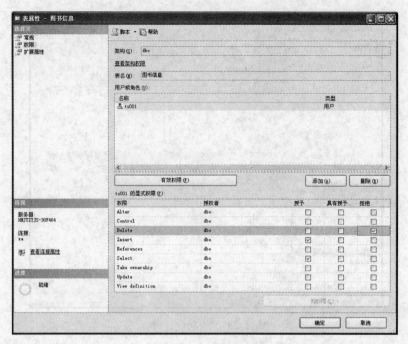

图 11-31　权限管理

5）如果允许用户具有查询权限，则列权限可用。单击"列权限"按钮，弹出如图11-32所示对话框，可以选定对表中哪些列具有查询的权限。

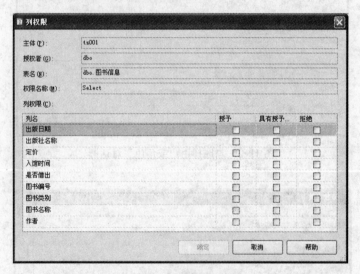

图 11-32　列权限管理

6）各项设置完成后，单击"确定"按钮关闭属性对话框。

11.4.3　使用 SQL 语句管理权限

在 SQL Server 中使用 GRANT、REVOKE 和 DENY 三种命令来管理权限。

语法格式：

- 授予

> GRANT {ALL|语句名称[, …n]} TO　用户/角色　[, …n]

- 拒绝

> DENY 　{ALL|语句名称[, …n]} TO　用户/角色　[, …n]

- 取消

> REVOKE {ALL|语句名称[, …n]} TO　用户/角色　[, …n]

其中，ALL 指所有权限。

【例 11-16】 使用 GRANT 语句给用户 USER001 授予 CREATE DATABASE 和 BACKUP DATABASE 权限。

```
Use master   --在 master 数据库中建立数据库用户
EXECUTE sp_grantdbaccess   'USER001'
GRANT CREATE DATABASE,BACKUP DATABASE TO    USER001
Go   --为该用户授予数据库建立权限
USE  学生图书管理系统   --回到工作数据库
GRANT CREATE TABLE,  CREATE   VIEW TO   TS001
Go
```

【例 11-17】 使用 REVOKE 取消用户 ts001 的 CREATE VIEW 权限。

```
USE  学生图书管理系统
go
REVOKE   CREATE VIEW   to   TS001
```

11.5　实训　SQL Server 2005 的安全管理

11.5.1　实训目的

1）了解 SQL Server 的安全机制。

2）掌握 SQL Server 2005 中有关登录账号、用户角色和权限的管理。

11.5.2　实训内容

1）设置 SQL Server 2005 数据库服务器使用 SQL Server 和 Windows 混合认证模式。

2）创建一个名为"学生信息管理"的登录账号，密码由自己设定，并验证该账号是否能够登录。

3）创建"学生信息管理"登录账号在"学生成绩管理系统"数据库中对应的用户"学生"。

4）授予"学生"用户对"学生表"、"成绩表"和"课程表"执行 SELECT 语句的许可。

11.6　本章知识框架

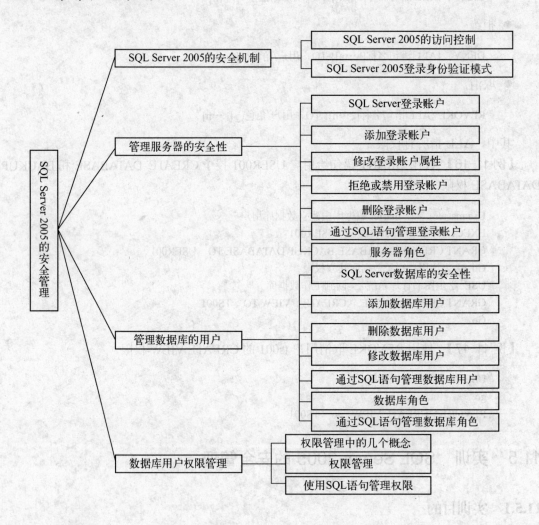

11.7　习题

1. SQL Server 2005 中的角色包括哪两大类？
2. SQL Server 2005 管理权限的命令有哪几个？
3. 使用哪个系统存储过程创建新的 SQL Server 登录账号？
4. 使用哪个系统存储过程为 SQL Server 登录账号添加和更改密码？
5. SQL Server 2005 中安全机制分为几层？每一层的主要作用是什么？

第 12 章　综合实例——网上书店系统

知识目标

- 了解 SQL Server 2005 数据库应用程序的开发流程
- 知道 SQL Server 2005 数据库在应用程序开发中的作用和地位

技能目标

- 掌握 ASP.NET+ SQL Server 2005 开发网上书店的步骤

12.1　需求分析

12.1.1　面向用户的需求分析

一般意义的网上书店在用户层次上应具有以下功能：

- 用户注册：系统为用户提供免费注册，注册后才能在网络书店上购买图书。
- 图书浏览：以列表方式显示图书的摘要信息，供用户浏览。
- 图书查询：为方便用户选书，系统提供分类查询功能。
- 购物车：当用户找到需要的图书时，可以先将图书加入到购物车中，然后继续选书，购物车中保存当前用户打算购买的所有图书，可以清空购物车，也可以提交其中的内容。当用户将购物车中的内容提交时，系统自动为其生成订单信息。

12.1.2　面向管理员的需求分析

网上书店在管理员层次上应具有以下功能：

- 管理员登录：系统提供后台入口，供管理员登录。
- 图书管理：管理员可以添加新书、修改图书资料、删除不再销售的图书信息等。
- 用户管理：管理员可以进行用户资料的修改、删除等操作。
- 订单管理：管理员可以对订单进行修改和删除等操作。
- 退出后台：为了保证系统的安全，在管理员完成操作后，应退出后台管理。退出后，不能以管理员身份进行以上操作。

12.1.3　网站运行环境需求分析

本网站需要在以下平台支持下正常运行。

硬件平台：

CPU：P4 1.8GHZ 以上　　　　　内存：256MB 以上

软件平台：

操作系统：Windows XP、Windows Server 2003 等

Web 服务器：IIS6.0

开发环境：Microsoft .Net Framework SDK v2.0

开发工具：Microsoft Visual Studio 2005

使用语言：C#

数据库：SQL Server 2005

12.2　系统模块设计

12.2.1　网上书店系统的功能结构设计

依据需求分析，本系统应具备以下功能模块：

- 用户登录注册模块：完成新用户的注册功能和已注册用户的登录功能。
- 图书浏览模块：完成所有图书摘要信息的浏览功能。
- 图书查询模块：完成根据作者、书名等信息进行查询的功能。
- 购物车模块：完成购物内容的查看、清空和提交功能。
- 管理员登录模块：完成后台登录功能。
- 图书管理模块：完成图书信息的添加、更新和删除功能。
- 用户管理模块：完成用户信息的更新和删除功能。
- 订单管理模块：完成订单信息的更新和删除功能。

12.2.2　登录注册模块

本系统的用户可以分为以下 3 种。

1．未注册的用户

进入首页后可以浏览首页上的图书信息，单击首页上的"more"按钮可以查看所有图书信息，但不能从事订购活动。

2．注册用户

所有用户在购物前须先注册。在首页中提供用户注册入口，如图 12-1 所示，在此页

图 12-1　网站首页

面，已注册过的用户可以直接输入"会员名"和"密码"来登录；未注册过的用户单击"注册"按钮，可以进入"注册页面"，输入注册信息，注册新用户的账号。如果用户名已经存在，显示提示信息，用户可以重新输入，注册成功后，可以返回主页进行登录。

3．管理员

管理员须从首页的"后台登录"进入，如图 12-2 所示。在图 12-2 中单击"后台登录"按钮进入管理员登录页面，在此页面中输入管理员的用户名和密码，输入正确后，进入管理员页面，之后，才可以进行图书信息、用户信息、订单信息的更新操作。

图 12-2　后台登录入口

12.2.3　图书浏览模块

首页只能看到数据库中的部分图书的相关信息，如果想查看所有图书信息，单击首页上的"more"按钮后，进入"图书浏览页面"，在此页面上可以浏览所有的图书信息并进行选购。

12.2.4　图书查询模块

为方便用户查找，系统提供查询功能。在首页上单击"查询"按钮，可以进入查询页面。之后，用户可以根据作者、出版社、书名等信息进行查询，然后在搜索结果中进行选购。

12.2.5　购物车模块

当用户选购结束后，单击页面上方的"购物车"按钮进入购物车页面，如图 12-3 所示，在此页面，用户可以查看自己选购的所有图书内容。如果不满意，可以清空重新选购；如果满意，可以提交。提交后，系统自动形成订单信息并存入订单数据的表中。

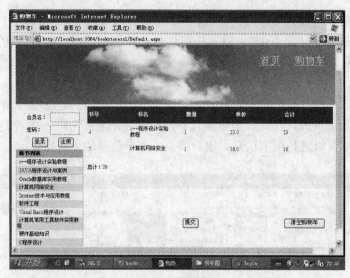

图 12-3　购物车页

12.2.6　图书管理模块

在此模块中，实现对图书信息的添加、删除和编辑功能，此功能模块由 3 个页面组成。

图书信息浏览页：实现对图书信息的浏览和删除功能。

添加图书信息页：实现添加新的图书信息功能。

图书信息编辑页：实现对图书信息的编辑功能。

12.2.7　用户管理模块

在此模块中，实现对用户信息的删除和编辑功能。此功能模块由两个页面组成，其中一个实现对用户信息的浏览和删除功能，另一个实现对用户信息的编辑功能。因为用户信息是通过用户注册产生的，所以不需要提供用户信息的添加功能。

12.2.8　订单管理模块

在此模块中，实现对订单信息的删除和编辑功能。此功能模块由两个页面组成，其中一个页面实现对订单信息的浏览和删除功能；另一个页面实现对订单信息的修改功能。因为订单信息是通过用户提交购物车内信息产生的，所以不需要提供订单信息的添加功能。

12.3　数据库设计

12.3.1　关系图

本系统所使用的数据库为 BookStoreDB，包含 4 个表，分别是图书类型表（BookType）、图书信息表（Book）、用户信息表（UserInfo）和订单信息表（Orders）。4 张表之间的关系如图 12-4 所示。

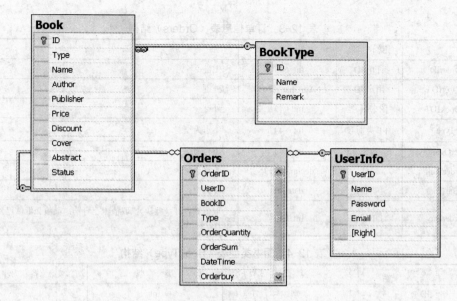

图 12-4　表关系图

12.3.2　表结构

表的结构如表 12-1～表 12-4 所示。

表 12-1　图书信息表（Book）结构

字　段	说　明	类　型	备　注
ID	图书编号	Int（4）	主键
Type	图书类别 ID	Int（4）	不可为空
Name	书名	VarChar（100）	不可为空
Author	作者	VarChar（30）	不可为空
Publisher	出版社	VarChar（100）	不可为空
Price	价格	Decimal（9）	不可为空
Discount	会员价	Decimal（9）	可为空
Cover	封面	VarChar（100）	可为空
Abstract	摘要	VarChar（500）	不可为空
Status	库存	Int（4）	不可为空

表 12-2　用户信息表（UserInfo）结构

字　段	说　明	类　型	备　注
UserID	用户 ID	NVarChar（30）	主键
Name	用户姓名	NVarChar（30）	不可为空
Password	密码	NVarChar（30）	不可为空
Email	Email 地址	NVarChar（100）	不可为空
Right	用户权限	Tinyint	取值 0：管理员；取值 1：客户

表 12-3　订单信息表（Orders）结构

字　段	说　明	类　型	备　注
OrderID	订单 ID	Int（4）	主键
UserID	用户 ID	NVarChar（30）	外键
BookID	图书编号	Int（4）	外键
Type	图书类别 ID	Int（4）	不可为空
OrderQuantity	数量	Int（4）	不可为空
OrderSum	总计	decimal（9）	不可为空
DateTime	订货日期	datetime	可为空
OrderBuy	订单状态	Int（4）	取值 0:预订（默认）；取值 1:已订购；取值 2:汇款已到；取值 3:书已寄出

表 12-4　图书类型表（BookType）结构

字　段	说　明	类　型	备　注
ID	类型编号	Int	主键
Name	图书类型名	VarChar（50）	不可为空
Remark	备注	VarChar（100）	

此处作几点说明：

1）因为系统运行时，所用的图片全部存放在站点中的 image 文件夹内，所以在图书信息表（Book）中，"Cover"（封面）字段的值的格式应为 "image/文件名" 的形式，例如，图片文件名为 001.jpg，则该字段的值应取值为 "image/001.jpg"。

2）普通用户和管理员信息在一张表中存放，通过 "Right"（权限）字段进行区分。Right 字段的值为 0 时表示管理员用户，为 1 时表示普通用户。

12.4　系统实现

本系统中所包含的文件如图 12-5 所示。其中：Web.Config 文件用于设置数据库的连接信息，bookcar.cs 实现购物车类，ds.cs 实现返回数据集的类，addbook 实现 "添加图书" 页面，adminlogin 实现 "管理员登录" 页面，allbook 实现 "浏览所有图书" 页面，bookmanage 实现 "管理图书信息" 页面，Default 实现 "网站首页"，login 实现 "用户注册" 页面，ordermanage 实现 "订单管理" 页面，searchbook 实现 "图书查询" 页面，shopcar 实现 "购物车" 页面，updatebook 实现 "图书信息编辑" 页面，updateorder 实现 "订单信息编辑" 页面，updateuser 实现 "用户信息编辑" 页面，usermanage 实现 "用户信息管理" 页面。

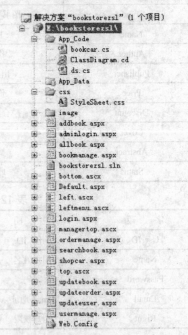

图 12-5　"解决方案资源管理器" 窗口

12.4.1 Web.Config 文档的配置

在本系统中，要多次使用数据库连接信息，为了便于使用和维护，在 Web.Config 配置文件中，加入以下信息：

```
<appSettings>
    <add key="zsl" value="Server=.;DataBase=BookStoreDB;integrated security=true"></add>
</appSettings>
```

其中，"integrated security=true"表示 SQL Server 使用的是 Windows 身份验证，如果使用的是混合身份验证模式，假设 SQL Server 身份验证时的用户名为"sa"，密码为"123456"，则上面语句需要修改为：

```
<appSettings>
    <add key="zsl" value="Server=.;DataBase=BookStoreDB;uid=sa;password=123456"></add>
</appSettings>
```

通过此设置后，在页面可以通过下面语句使用数据库连接信息：

```
SqlConnection strcon = new SqlConnection（System.Configuration.ConfigurationManager.AppSettings
["zsl"].ToString()）；
```

当以后需要修改数据库连接信息时，只需要对配置文件进行修改就可以了，而不需要对每个使用连接信息的地方进行修改。

12.4.2 公共类

为了避免代码的重复书写，本系统对于使用频繁的两个工作——返回数据集和往购物车中添加书目通过两个公共类来实现。

1. 返回数据集的类 ds.cs

ds.cs 文件中的代码如下：

```
using System.Data.Sql;
using System.Data.SqlClient;
public class ds
{
    private static SqlConnection conn;
public ds()    //构造函数
{   }
    public static DataSet ReDataSet（string strSql）
    {   //参数 strSql 为一个查询字符串，该方法根据查询字符串，返回一个数据集
        conn = new SqlConnection（System.Configuration.ConfigurationManager.AppSettings["zsl"]）；
        conn.Open();
        SqlDataAdapter datap = new SqlDataAdapter（strSql, conn）；
        DataSet dset = new DataSet();
        datap.Fill（dset）；
        conn.Close();
```

```
                    return dset;
        }
    }
```

2. 往购物车中添加商品的类 bookcar.cs

bookcar.cs 文件中的代码如下:

```
using System.Data.SqlClient;
using System.Collections;
public class bookcar : System.Web.UI.Page
{// godset 中用于存放所购物品的详细信息(信息从 book 表中获取)
//Session["car"]中用于存放所购物品的商品号和数量
    public static DataSet godset = new DataSet();
    public bookcar()                            //构造函数
    {   }
    public void godataset(string id)            //向 Hashtable 表中添加商品的 id 和数量
    {
        if (Session["car"] == null)             //如果购物车中为空
        {                                       //在购物车中添加商品的 id,数量为 1
            Hashtable ht = new Hashtable();
            ht.Add(id, 1);
            Session["car"] = ht;
            dafill(ht);
        }
        else//购物车不空
        { Hashtable ht = (Hashtable) Session["car"];
          if (ht[id] == null)                   //如果购物车中不存在商品号为 id 的商品
            {                                   //商品数量置为 1
                ht[id] = 1;
            }
            else                                //如果购物车中存在商品号为 id 的商品
            {                                   //商品数量置加 1
                ht[id] = (int) ht[id] + 1;
            }
            Session["car"] = ht;
            dafill(ht);
        }
    }
    public void dafill(Hashtable ht)            //将 Hashtable 中的商品信息添加到数据集中
    { godset.Clear();                           //数据集中的原始内容清空
      foreach (DictionaryEntry de in ht)        //每种所购商品的信息加入 godset
        { SqlDataAdapter datap = new SqlDataAdapter("select * from book where id=" +
de.Key.ToString(), System.Configuration.ConfigurationManager.AppSettings["zsl"]);
            if (datap != null)
            { datap.Fill(godset); }
        }
    }
```

```
public string showmessage（string mes） //返回提示信息
    { return "<script language='javascript'>alert（'" + mes + "'）;location='javascript:history.go（-1）
'</script>";
    }
}
```

12.4.3 首页的实现（default）

首页中使用的控件如表 12-5 所示。

表 12-5 default 页中使用的控件

控 件 名 称	功　　能
DataList1	页面右下方，用于显示图书信息
Left1	页面左边的用户自定义控件，用于登录、注册和显示书目列表
Top1	页面上方的用户自定义控件，用于显示上方图片及图片上内容
Bottom1	页面下方的用户自定义控件，用于显示联系方式、版权等信息
Label1-Label2	显示提示信息
LinkButton1	"查询" 按钮
LinkButton2	"more" 按钮
LinkButton3	"后台登录" 按钮
TreeView1	显示图书类别信息

在首页上可以进行会员登录、进入注册页面、浏览部分图书信息、进入浏览所有图书信息页面、进入查询页面、查看购物车、管理员后台登录等操作。

该页面中使用了 DataList 控件，其属性设置如下（代码来自于 default.aspx）：

```
<asp:DataList ID="DataList1" runat="server" Height="100px"
    OnItemCommand="DataList1_ItemCommand" RepeatColumns="2" Width="1px">
<ItemTemplate>
<table border="0" style="width: 225px; height: 1px;">
    <tr> <td rowspan="5" style="padding-right: 0px; padding-left: 0px; padding-bottom: 0px; margin:
0px; padding-top: 0px;">
            <asp:Image ID="Image1" runat="server" Height="120px" Width="80px"
ImageUrl='<%# DataBinder.Eval（Container.DataItem,"cover"）%>' /> </td>
            <td align="center" style="width: 270px">       
<%# DataBinder.Eval（Container.DataItem,"name"） %></td></tr>
            <tr><td style="width: 270px; color: #ff3300; text-decoration: underline line-through"
align="center">  原价：<%# DataBinder.Eval（Container.DataItem,"price"） %></td>
    </tr>
    <tr>
        <td style="width: 270px; height: 23px;" align="center">      会员价：<%# DataBinder.Eval
（Container.DataItem, "discount"）%></td></tr>
            <tr> <td style="width: 270px; height: 23px;">        <%# DataBinder.Eval
（Container.DataItem,"abstract"） %></td></tr>
            <tr> <td style="width: 270px; height: 28px;" align="center">  
<asp:LinkButton ID="LinkButton2" runat="server" CommandName="select">购物</asp:LinkButton>
```

```
        </td></tr>
            </table>
        </ItemTemplate>
    </asp:DataList>
```

下面代码来自于 default.aspx.cs，因要使用到 SQL Server 数据库，所以应在代码最开始加入以下两个语句：

```
        using System.Data.Sql;
        using System.Data.SqlClient;
```

核心代码如下：

```
        public partial class Default : System.Web.UI.Page
        { SqlConnection strcon = new SqlConnection ( System.Configuration.ConfigurationManager.
    AppSettings["zsl"]) ;
            protected void Page_Load（object sender, EventArgs e）
            {      strcon.Open();
                string selstr = "select top 6 * from book";//在首页上，仅显示表中的前 6 条记录
                DataList1.DataSource = ds.ReDataSet（selstr）;
                DataList1.DataKeyField = "id";
                DataList1.DataBind();
                string bktype="select * from booktype";
                DataSet dstype = ds.ReDataSet（bktype）;
                DataRow[] rows = dstype.Tables[0].Select();
                if （!IsPostBack）
                {                            //使用 TreeView1 控件显示图书的类别信息
                    foreach（DataRow row in rows）
                    {   TreeNode nd=new TreeNode();
                        nd.Text=row["name"].ToString();
                        nd.Value = row["id"].ToString();
                        TreeView1.Nodes.Add（nd）;
                    }
                }
                strcon.Close();
            }
            protected void LinkButton4_Click（object sender, EventArgs e）
            {                            //进入浏览页
                Response.Redirect（"allbook.aspx"）;
            }
            protected void DataList1_ItemCommand（object source, DataListCommandEventArgs e）
            {                    //当单击 DataList1 中的"购物"按钮时发生
                bookcar bc = new bookcar();
                if （Session["wo"] == null）         //如果用户没登录
                { Response.Write（bc.showmessage（"请登录"））; }
                else
                {      string id = DataList1.DataKeys[e.Item.ItemIndex].ToString();
```

```
                bc.godataset（id）;         //调用购物车类中的 godataset 方法，修改购物车中的内容
            }
        }
    protected void LinkButton5_Click（object sender, EventArgs e）
        {                                //单击"后台登录"按钮，进入管理员登录页
            Server.Transfer（"adminlogin.aspx"）;
        }
    }
```

12.5　本章知识框架

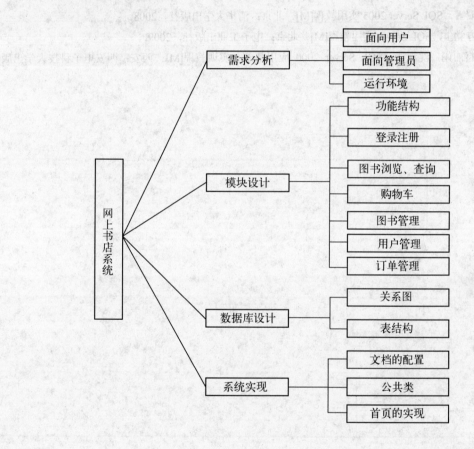

参 考 文 献

[1] 龚小勇，段利文，林婧，杨秀杰，陈竺. 关系数据库与 SQL Server 2005[M]. 北京：机械工业出版社，2009.

[2] 庞英智，郭伟业. SQL Server 数据库及应用[M]. 北京：高等教育出版社，2007.

[3] 李岩，张瑞雪. SQL Server 2005 实用教程[M]. 北京：清华大学出版社，2008.

[4] 蔡中民，方党生. SQL Server 实用教程[M]. 北京：电子工业出版社，2009.

[5] 李国彬，赵丽娟，沈淑清. SQL Server 2000 应用基础与实训教程[M]. 西安：西安电子科技大学出版社，2004.